Dr. Deepak Sharma
Prof. Vikash Bhatnagar
Dr. Sandeep Madhukar Lahange

Efeitos do Assan na Drenagem dos Segmentos Bronco-Pulmonares

Dr. Deepak Sharma
Prof. Vikash Bhatnagar
Dr. Sandeep Madhukar Lahange

Efeitos do Assan na Drenagem dos Segmentos Bronco-Pulmonares

O modo de vida natural

ScienciaScripts

Imprint

Any brand names and product names mentioned in this book are subject to trademark, brand or patent protection and are trademarks or registered trademarks of their respective holders. The use of brand names, product names, common names, trade names, product descriptions etc. even without a particular marking in this work is in no way to be construed to mean that such names may be regarded as unrestricted in respect of trademark and brand protection legislation and could thus be used by anyone.

Cover image: www.ingimage.com

This book is a translation from the original published under ISBN 978-620-7-46278-0.

Publisher:
Sciencia Scripts
is a trademark of
Dodo Books Indian Ocean Ltd. and OmniScriptum S.R.L publishing group

120 High Road, East Finchley, London, N2 9ED, United Kingdom
Str. Armeneasca 28/1, office 1, Chisinau MD-2012, Republic of Moldova, Europe
Printed at: see last page
ISBN: 978-620-7-86266-5

Conteúdo

1 INTRODUÇÃO

Para concluir um projeto, é perfeitamente utilizada uma equipa de especialistas, é uma regra geral e isto também se aplica ao diagnóstico e tratamento de doentes ou pessoas, mas há algumas situações e condições (isolamento, doença transmissível, indisponibilidade de assistência, etc.) em que não é possível trabalhar da forma descrita acima.

Trata-se, em particular, da drenagem dos segmentos bronco-pulmonares, que é um fenómeno natural que ocorre a um ritmo específico em função do estado de saúde, do ambiente, das estações do ano e da patologia da pessoa. Esta taxa de drenagem dos segmentos bronco-pulmonares pode ser melhorada por métodos físicos e químicos. A ciência moderna utiliza a força gravitacional como um método físico para melhorar a drenagem bronco-pulmonar em condições patológicas ou fisioterapias pós-cirúrgicas.

No presente estudo, apenas serão seleccionados os Asana que alteram a posição da caixa torácica no espaço tridimensional, ajudando a aumentar a ventilação e a drenagem dos pulmões, e os resultados serão comparados com diferentes parâmetros, como as variações sazonais de *Kapha dosha* e as prescrições clássicas destes *Asana* em estações específicas para indivíduos saudáveis.

Com a iniciação do *Asthanga Yoga* para os seres humanos pelos nossos antigos videntes, a um passo eles incluíram o *Asana* como uma ferramenta magnífica para controlar o cérebro humano, a psique, o *Prana* e até mesmo o Universo com a ajuda deste corpo grosseiro. *Asana* vem em terceiro lugar depois de *Yama* e *Niyama*, que são os manuais para realizar práticas pessoais, sociais e mentais para preparar o veículo (corpo humano) no caminho da libertação natural que é *Moksha*, que é o principal objetivo de uma pessoa de acordo com o Hinduísmo.

Asana são posições anatómicas diferentes que foram concebidas através de uma observação atenta de diferentes animais (*Mayurasana, Singhasana, Vrischikasana*) e objectos (*Vrikshasana, Parvatasana*). Estas posturas têm efeitos multidimensionais, nomeadamente físicos, mentais, psicológicos, imunológicos, etc. No atual cenário global, devido à parte oculta do *Yoga* e ao desenvolvimento da parapsicologia, a astrofísica *Asana* é o principal tema de interesse para os cientistas. As técnicas de "*Asana*" estão a ser amplamente investigadas pelos principais Anatomistas, Fisioterapeutas e Neurocientistas para manter a saúde humana sem a abordagem de suplementos nutricionais e outros medicamentos.

Os asanas podem ser classificados em vários tipos, como *asanas* para relaxamento, *asanas* para alongamento, *asanas* para fortalecimento, *asanas* para meditação, *asanas* para equilíbrio (equilíbrio de braços, equilíbrio de pernas, etc.). Estes são os tópicos mais comuns a serem considerados pelos cientistas modernos e o efeito destas posturas é estudado em termos anatómicos, funcionais e psicológicos, mas neste trabalho serão consideradas diferentes posturas que alteram a posição anatómica normal da caixa torácica no espaço tridimensional e o seu possível efeito na drenagem dos segmentos bronco-pulmonares será estudado teoricamente.

Em fisioterapia, existe um termo conhecido como drenagem postural ou drenagem dos segmentos broncopulmonares, que também é conhecido como drenagem assistida por gravidade. Nesta drenagem, a pessoa é colocada em diferentes posições, como sentada, deitada, supina, de cabeça para baixo, etc., para que a gravidade actue sobre os pulmões e as secreções possam ser facilmente drenadas para fora dos pulmões, o que aumenta a ventilação pulmonar. Asana é também basicamente as diferentes posições adquiridas que alteram a posição do tórax e provocam a alteração do padrão respiratório. Provoca a drenagem e a ventilação dos pulmões de uma melhor forma.

FINALIDADE E OBJECTIVO

• O objetivo desta investigação é explorar vários *Asana* em que a posição do tórax, no espaço tridimensional, é alterada e o seu efeito na drenagem dos segmentos bronco-pulmonares será estudado teoricamente em relação à Drenagem Postural, tal como mencionado na Fisioterapia.

• Este estudo ajudará a recomendar o *Asana* específico para uma pessoa específica, durante uma estação específica e um temperamento corporal específico (*Deha Prakriti*). Com base neste trabalho, podem ser efectuados outros estudos sobre voluntários saudáveis. Também ajudará a sugerir *Purvakarma* em *Panchkarma*.

MATERIAL E MÉTODOS

1. Revisão de livros relacionados com fisioterapia, drenagem bronco-pulmonar e *Asana*, incluindo comentários relevantes.

2. Revisão da literatura sobre fisioterapia.

3. Outros meios de comunicação impressos, informações em linha, jornais, revistas, etc.

APRESENTAÇÃO DA TESE

A tese será composta da seguinte forma

• Reconhecimento

• Introdução

• Revista Literária -

o Revisão da literatura antiga de *Asana* .

o Revisão da literatura moderna de Anatomia e Fisioterapia mencionando a drenagem dos segmentos bronco-pulmonares

• Discussão

• Conclusão e resumo

• Bibliografia

2 ASANA REVIEW

Yoga significa união ou unicidade. *O Yoga* sempre foi considerado por muitos como paralelo ao *Asana* e ao *Kriya*. Quando vemos *"Yoga"* gramaticalmente, vem de uma palavra *sânscrita* '*Yuj*', que significa adição ou união. *O Yoga* pode ser explicado como uma amálgama consigo próprio, com o eu supremo ou com o poder divino. A época atual da inclusão do *Yoga* é incerta, mas os investigadores acreditam que a prática teve origem na Índia por volta de 3000 a.C.

"O Yoga é melhor compreendido a partir da sua origem no período védico, durante o qual *os Vedas*, as escrituras mais antigas da religião hindu, foram escritos. As raízes históricas do *Yoga* podem ser traçadas nos seguintes períodos[1] "* :

κ   *Kala* dos *Veda's*

p   Período do pré-clássico

•   Tempo dos clássicos

•   Idade medieval

•   Época contemporânea

Kala dos Veda's:

As mais antigas escrituras acessíveis na era moderna são os *Veda*. A palavra sânscrita *"Veda"* significa "conhecimento". Inclui três *Ioga - Mantra Ioga, Prana Ioga, Dhyan Ioga*. No *Maitrayani Upanishad, o Ioga* é referido como *Ioga shadanga*, que é a disciplina unificadora dos seis membros.

Período do pré-clássico:

Composto por volta de 5000 a.C., *o Bhagavad Gita* é, de longe, a mais surpreendente das escrituras *do Yoga*. De acordo com o *Bhagavad Gita*, existem quatro caminhos que iniciam a relação com o poder supremo.

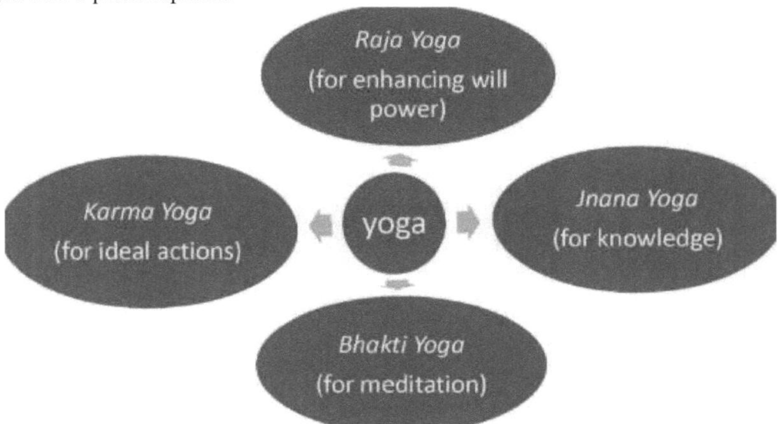

Dos 18 capítulos do *Bhagavad Gita,* cada um é chamado de *Yoga*. Cada capítulo descreve um *Yoga* especializado que conduz ao caminho para atingir a auto-realização e o *Param Satya*.

---

[1] Conselho Nacional para a Formação de Professores (2015), yoga education, St. Joseph Press, Nova Deli

Página n° 16

Efeitos do *Asana* na drenagem dos segmentos bronco-pulmonares - Um estudo concetual

O tempo dos clássicos:

Por volta do século II a.C., "*Maharishi Patanjali* escreveu o *Yogasutra*, composto por 196 inscrições, mencionando os oito passos para alcançar o objetivo da vida humana e que proporciona a libertação das misérias da morte e do nascimento. Isto é conhecido como *Asthanga Yoga*". Antes deste período, o Senhor *Bhuddha* também classificou um caminho de oito passos, dando ênfase à meditação. Ele deu ao mundo uma das mais antigas técnicas de meditação, *Vipasana, há mais* de 2500 anos. O significado literário da palavra *Vipasana* é "o processo de auto-purificação através da auto-observação". Pode ser alcançado quando se começa a monitorizar a frequência respiratória para controlar a mente. Isto funda o princípio da mentira: *Pratyahara* e *Chintana* do *Yoga* no Jainismo.

Idade medieval:

A prática da meditação foi levada às massas em todo o subcontinente por *Buda, por* volta do século VI a.C. Posteriormente, como a influência do *budismo* estava a diminuir, por volta do século VI d.C., alguns *iogues* pioneiros como *Matseyndranatha* e *Gorakhanatha* assumiram o comando. Muitos textos foram escritos durante este período, nomeadamente *Hatha Yoga Pradipika, Gheranda Samhita, Hatharatnavali, Shiva Samhita e Siddha Siddhanta Paddhati,* etc. A *Natha Sampradaya* fundada pelo *Guru Gorakhnatha* menciona pela primeira vez os nove *Natha* e 84 *Siddha*. Estes são grandes instrumentos de divulgação dos méritos da prática do *Yoga* e da meditação em todo o mundo.

A época contemporânea:

Nos últimos séculos, a prática *do ioga* tem-se orientado mais para os benefícios para a saúde física. Foi amplamente popularizada por praticantes profundos como *Shri Pattabhijois, T. Krishnamacharya, Sri Aurobindo, Maharshi Mahesh Yogi, Swami Rama Swami Shivananda, Swami Kuvalayananda, Shri Yogendra, Swami Satyananda Sarasvati, Acharya Rajanish, BKS Iyengar* e muitos outros.

"*Asana* significa um estado de pessoa em que se pode permanecer física e mentalmente estável, calmo, tranquilo e confortável". "*Sthiram Sukham Aasanam*" do *Yogasutra* escrito por *Acharya Patanjali* define muito bem *Yogasana* como as posturas corporais em que se pode estar confortável e estável.

No *Raja Yoga, os Asana* são descritos principalmente como posturas na posição sentada. Os *Asana são* descritos como posições corporais específicas que tendem a trabalhar o *Shada Chakra* e são meios de transporte para uma consciência mais elevada, sendo também explicados como os trampolins que proporcionam uma base sólida na busca da exploração do corpo, da respiração e da mente. Mesmo no *Hatha Yoga, acredita-se* que a mente também pode ser controlada através do desenvolvimento do controlo do corpo por meio de *Asana*.

Na literatura antiga são descritas várias posturas *de Yoga*; "84 em número, das quais as quatro mais importantes são *Sukhasana, Vajrasana, Padmasana* e *Siddhasana. Gheranda Samhita, Hatha Yoga Pradipika* e *Yajnavalkya* continuam a ser os livros mais reconhecidos sobre o *Yoga*".

Está documentado que o número total de posturas *de Yoga* é de 8.400.000 e diz-se que representam as 8.400.000 encarnações pelas quais cada indivíduo deve passar antes de *Moksha*. Destes, 84 *Asana* são considerados úteis para benefícios físicos. "*O Gheranda Samhita* dá 32 *Asana*[2] , que ainda são considerados os mais importantes e frequentemente

---

[2] Bharti Swami Anant. Sagar Seema. *Gheranda Samhita*.2018.Varanasi: Choukhamba Orientalia; 2018, Capítulo 2,1-2.Pg no 34.

utilizados: Estas 32 *Asanas* são mencionadas no *Gheranda Samhita*. Destes, 21 estão em posição sentada, 6 em decúbito ventral, 2 em supino, 2 em equilíbrio de braços e 1 *Asana* em posição de pé. Os 32 *Asanas* são *Padmasana, Swastikasana, Bhadrasana,*
Simhasana, Gomukhasana, Veerasana, Mayurasana, Kukkudasana, Siddhasana, Paschimottasana, UttanaKurmasana, Dhanurasana, Matsyendrasana, Shavasana, Muktasana, Mandukasana, Kurmasana, Vajrasana, Guptasana, Matsyasana, Gorakshasana, Utkatasana, Sankatasana, Uttana Mandukasana, Vrikshasana, Shalabhasana, Makarasana, Ushtrasana, Bhujangasana, Yogasana, Garudasanae Vrishasana. Os 21 *asanas* sentados mencionados são *Siddhasana, Padmasana, Bhadrasana, Muktasana, Vajrasana, Swastikasana, Simhasana, Gomukhasana, Veerasana, Guptasana, Matsyendrasana, Gorakshasana, Paschimottasana, Utkatasana Sankatasana, Kurmasana, Uttana Kurmasana, Mandukasana, Uttana Mandukasana, Vrishasana* e *Yogasana"* .

No "*Hatha Yoga Pradipika[3]* há uma lista de 11 *Asana* para fortalecimento do corpo e 4 meditativos. No primeiro grupo encontram-se: *Swastikasana, Gomukhasana, Veerasana, Kurmasana, Kukutasana, Uttana Kurmasana, Dhanurasana, Matsyendrasana, Pashimottanasana, Mayursana, Shavasana* e no segundo grupo são mencionados *Siddhasana, Padmasana, Simhasana, Bhadrasana"*.

Acredita-se que o "*Shiva Samhita tenha* sido escrito algures entre os séculos XV e XVII. Neste *Samhita* são mencionados apenas oitenta e quatro *Asana*, mas só quatro deles, *Sidhaasanas, Padmaasana, Ugraasana* e *Swastikaasana"[4]* , foram explicados em pormenor. Os versos em sânscrito que estão presentes neste *Samhita* são, de facto, a conversa entre o Senhor *Shiva* e *Mata Parvati*.

Pranavaha Srotas

Nos antigos textos indianos, um corpo que contém um *Prana* (vitalidade) estável é considerado como um *Chikitsiya Purusha*. Este *Prana* é representado por várias entidades como *Shwas* (respiração), *Udak* (água potável), *Anna* (comida), *Rakta* (sangue), etc. Entre elas, é dada a maior importância ao *Prana* para manter a vitalidade de uma pessoa e proporcionar-lhe um vigor adequado para realizar as suas acções mundanas e outras. De acordo com a *Ayurveda,* para se manter neste mundo atual, este *Prana Vayu,* juntamente com um conjunto completo de órgãos conhecidos como *Pranavaha Srotas,* funciona. Para explicar e para uma melhor compreensão dos *Pranavaha Srotas,* vários *Acharaya* mencionaram-nos em pormenor em diferentes *Samhita,* que foram elaborados e revistos da seguinte forma

"O *Pranavaha Srotas* é de importância vital no nosso corpo e, por isso, sempre considerado o primeiro entre todos os *Srotas,* não só por *Acharaya Charaka,* mas também por *Acharya Sushruta. O Pranavaha Srotas* é o sistema de transporte do "*Prana"* ou ar vital (respiração vital) inalado.

Nos clássicos *da Ayurveda, Prana Vayu* é mencionado em diferentes contextos, mas, em geral, é considerado como a substância vital responsável pela manutenção da vida. Existem 5 tipos de *Vata:* um dos *Tridosha* (pilar do corpo) que se diz estar presente no corpo humano. Destes cinco tipos de *Vayu,* o supremo chama-se "*Prana",* que pode ser entendido como o ar respirável que fornece oxigénio ao corpo através dos pulmões e entra pelas narinas".

Moolasthana de *Pranavaha Srotas*

3Bharti Swami Anant. Sagar Seema. *Hatha Yoga Pradipika.*2018.Varanasi: Choukhamba Orientalia; 2018, Capítulo 1,21-38.Page no 17-25.
4Srivats Dr. Bharti Swami Anant. *Shiva Samhita* .2018. Varanasi: Choukhamba Orientalia; 2018, Capítulo 3.100. Página no 113.

A este respeito, é visível uma diferença de opinião entre *Acharya Charaka* e *Acharya Sushruta*. Mesmo os comentadores expressaram pontos de vista diferentes com base no seu entendimento.

De acordo com *"Acharaya Charaka, Hridaya & Maha Srotas* são a *Moola* (Raiz) de *"Pranavaha Srotas"*.[5]

De acordo com *Acharaya* em *Gangadhar Tikka, Moola de Pranavaha Srotas* é considerado como *Hridaya & Vaksha (Phusphusa i.e.,* pulmões).[6]

No seu comentário, *Acharaya Chakrapani* diz que toda a passagem via

7 que o *"Prana"* flui em todo o corpo devem ser considerados como *Pranavaha Srotas*.[7]

De acordo com *Sushruta*[8] , existem dois *Pranavaha Srotas* cuja *Moola* é *Hridaya* (Coração) & *Rasavahi Dhamanis* (Artérias que transportam fluido nutritivo)".

Quadro 1: *Moolasthana* de *Pranavaha Srotas*

S. Não	Nome de Srotas	Charaka Samhita	Sushruta Samhita	Asthanga Samgraha	Asthanga Hridaya (Comentário *Arundatta)*
1.	*Pranavaha Srotas*	*Hridaya* e os *Maha Srotas*	*Hridaya* (coração) & *Rasavahini Dhamanis*	*Hridaya* e *Maha Srotas*	*Hridaya* e *Maha Srotas*

Sítios de *Prana Vayu*

De acordo com *"Acharaya Charaka*[9] *Murdha* (crânio), *Urah* (caixa torácica), *Kantha* (garganta), *Jivha (*língua), *Aasya* (cavidade bucal) e *Nasika* (cavidade nasal) são os principais locais para *Prana Vayu*.

De acordo com o *Acharaya* em *Asthanga Hridaya*[10] *Urah* (Peito), *Kantha* (Garganta), *Hridaya* (Coração), *Buddhi* (Mente) e *Chittadhrik* (Inteligência) são os locais de *Prana Vayu*. *Acharaya Dalhan*[11] no seu *Tikka menciona* que o *Prana* dos seres vivos está presente em *Nabhi* e que *Nabhi* depende deste *Prana*. *Nabhi* está rodeado por todo o *Sira* e é metafórico como os raios da roda".

Swarupa de *Prana Vayu*

Os *"Vata"*, que provêm da natureza ou do interior do corpo, não são visíveis ou podemos dizer que *Vayu* não é *Pratyakshagamya*. Eles podem apenas ser concebidos de acordo com o seu *Karma*. O *Prana Vayu* move-se do exterior para o interior através do processo de inspiração".

Funções do *PranaVayu*

"*Acharaya Dalhan*[12] descreve a função de Prana Vayu de acordo com o seu movimento, ou seja, transportando a sensação para cima, enchendo (ingestão de *Pranavayu, Ahar* e *Udaka*), segregando e mantendo as características. *O Vata* divide-se em cinco e sustenta o equilíbrio do corpo.

Praspandanam[13] : a função do *Vyana Vayu* indica os movimentos do corpo. A função do *Udana Vayu* é *Udvahanam*, que significa levar as sensações para cima. *O Prana Vayu* é responsável pelo *Puranam* ou transporte dos alimentos para o gástrio. A função do *Samana Vayu* é segregar a essência (*Rasa*) e também expelir a urina e as fezes do corpo; *o Apana Vayu tem a função* de manter o sémen, a urina, etc., e também de os expelir quando se tem vontade.

Acharya Sushruta diz que *Agni* é controlado e mantido por[14] *Prana, Apana* e *Samana Vayu* especificamente devido às suas posições específicas no corpo.

Em *Asthanga Hridaya, Acharya* vê *Prana*[15] de suprema importância, pois é uma necessidade para o funcionamento ótimo não só de *Buddhi* (inteligência), mas também do coração, da mente, dos órgãos dos sentidos, juntamente com funções mentais como *Dhi* (seleção do bom e do mau), *Dhriti* (coragem) e *Smriti* (memória). A função principal do *Prana* é a inspiração e a deglutição. Para manter a vida em equilíbrio, *Prana* e *Anna* são retirados do exterior e, com isso, o ar fresco como fonte de energia é-nos dado pela natureza (externa para interna). Qualquer tipo de obstrução nos movimentos internos de *Prana Vayu* leva a sintomas como falta de ar, espirros, cuspidas e arrotos".

Funções dos *Pranvaha Srotas*

Prana é o mais vital no nosso corpo para sustentar a vida e a força deste "*Prana* é totalmente dependente de *Pranvaha Srotas. Ambarpiyusha* ou o ar fresco é a fonte de energia para *Pranvaha Srotas*; também o *Panchabhautik Ahara* substitui a energia perdida durante os diferentes tipos de *Sharir Kriya*. A concentração de *Ambarpiyusha* depende do funcionamento do *Mahaprachira Peshi* ou do diafragma, *dos* pulmões e de outros músculos acessórios da respiração. Esta estimulação é dada pelo *Abhyantara Prana (Pranavata)*. Se houver qualquer tipo de alteração na energia criada pelos alimentos e na energia perdida durante as diferentes acções do corpo, isso resulta no aumento da contração e do relaxamento dos *Pranvaha Srotas* e, por conseguinte, é responsável pela perturbação dos *Pranvaha Srotas"*.

Formação da *Pupphusa*

Na vida embrionária do desenvolvimento do feto, *Acharaya Sushruta* mencionou que "*Phupphusa*" (pulmões) é formado a partir de "***Fena***" de *Rakta*[16] .

Etiologia do *Pranvaha Srotas Dusti*

O "*Pranavaha Srotas*[17] fica viciado devido ao esgotamento dos *dhatus*, à contenção dos impulsos naturais, ao excesso de comida, aos exercícios ou comportamentos que aumentam o *Rukshaguna* no corpo e ao desempenho para além das forças físicas com o estômago vazio.

No capítulo 5 do *Vimana Sthana* do *Charaka Samhita, Acharya Charaka* descreve em pormenor o conceito de *Srotas e o* seu *Moola*, a etio-patogénese e também o tratamento em caso de *Sroto-Dushti*. Menciona que *Vegavrodha*, a ingestão excessiva de *Ruksha Ahara*, o exercício que suprime o apetite e o treino físico para além da capacidade da pessoa são os factores causais que viciam os *Pranvaha Srotas"*. Encontramos uma referência semelhante no *Astanga Sangraha* de *Acharaya Vagbhata*.

Características e anomalias dos *Pranvaha Srotas*

Na "Literatura *Ayurveda"*, todos os órgãos ou sistemas do corpo são classificados e descritos

---

)

apenas com base na sua estrutura, posição anatómica no corpo, os seus tipos, origem, etc., deixando de lado o aspeto fisiológico e fisiopatológico. Isto também é verdade para os *Pranvaha Srotas*. Embora já tenhamos dado uma vista de olhos à origem, tipos e localização, etc. dos *Pranvaha Srotas*, o aspeto fisiológico e patofisiológico tem de ser bem estudado para refletir a sua anatomia correcta.

O Acharaya Charaka[18 19] , ao mencionar as anomalias dos *Pranvaha Srotas,* correlacionou-as claramente com as anomalias do sistema respiratório do corpo. Segundo o *Acharaya,* a respiração excessiva, obstruída, agravada, superficial ou frequente, juntamente com o som e a dor, representa *dushti* nos *Pranvaha Srotas".*

"Acharaya Sushruta, sendo um cirurgião, descreveu os sinais e sintomas, quando há um envolvimento traumático e cirúrgico de *Pranvaha Srotas*[19] . Na sua opinião, os sintomas como *Akrosa, Vinaman, Moha, Brhaman, Vepana* e *Marana* são manifestações clínicas em caso de traumatismo dos *Pranvaha Srotas.*

Os sintomas de *Dusti* de *Pranvaha Srotas* descritos por *Acharya Charaka*[20] e *Acharya Sushruta*[21] estão apenas na forma de *Sutra* e precisam de uma descrição detalhada. *Acharya Sushruta* diz que o *Prana Vayu* viciado resulta em distúrbios como soluço, asma e muitos outros".

Shwasakriya

O processo de respiração está bem descrito na literatura *Ayurveda* e Sânscrita. De acordo com o *Yajurveda, o Prana* e o *Apana Vata* entram no *Nasika*[22] .

Mostra que *"Prana* e *Apana* são as palavras que indicam inspiração e expiração. O *Shwasa Kriya,* que tem lugar desde o primeiro minuto do nascimento até ao último minuto da morte, produz duas fases: *Nishwasa* e *Ushwasa.* O *Vayu* (ar atmosférico) entra pelas passagens nasais, ao longo do curso do *Swasanalika* e preenche os *Vayu Koshas.* Todo este processo de funcionamento depende principalmente do *Prana Vayu* para *Nishwasa* e do *Udana Vayu* para *Uchwasa.*

Acharaya Sharangadhar[23] descreveu em *Purva Khanda* da sua literatura o processo fisiológico da respiração normal e menciona *Nabhi Pradesh* como o *Sthana* de *Prana Vayu* depois de tocar ou iniciar *Hritkamalantaram* sai do pescoço e fica saturado com **Amberpiyush** de **Vishnu Padamrata**. Em seguida, volta a entrar com força para nutrir todo o corpo e melhora o *Jathargni* do corpo.

A fisiologia de *Swasa* está bem descrita em textos antigos, especialmente em livros como *Amrutopanishad* e *Sharangadhara".* Nos tempos modernos, sabe-se que a taxa de respiração por minuto é de 16 a 18, mas esta taxa também depende de vários factores, como a idade, o sexo, o local de habitação, etc.

Vrishchikasana

"Vrishchika" tem origem no *sânscrito,* que significa escorpião, e *"Asana"* significa postura. Assim, em *Vrishchikasana,* o corpo da pessoa parece um escorpião. O *Asana* é muito semelhante à postura adoptada pelo escorpião na sua tentativa de picar a vítima: arqueia as costas e a cauda e, em seguida, golpeia para além da cabeça,.[24] **Nos textos clássicos do *Yoga***

De acordo com *"Hathratnawali,* uma pessoa deve fixar as palmas das mãos e os antebraços no chão e os pés na testa, mantendo os tornozelos totalmente estendidos a tocar no vértice". A isto chama-se *Vriscihikasana.*[25]

Em Textos modernos de *Yoga*

De acordo com *"BKS Iyengar,* existem duas variedades deste *Asana,* uma das quais é praticada com os cotovelos flectidos e a outra com os cotovelos estendidos. A primeira é uma versão mais simples. Para praticar *Vriscihikasana,* é necessário ajoelhar-se, adotar uma postura para a frente, os cotovelos devem estar apoiados, o anti-braquial e o aspeto palmar das palmas das mãos devem ficar no chão, paralelos um ao outro. Os antebraços devem estar próximos um do outro, não mais largos do que a distância entre os ombros. O pescoço deve estar esticado e a cabeça deve ser levantada acima do chão o mais alto possível. Na expiração, as pernas e o tronco são levantados sem deixar cair as pernas para além da cabeça. O peito é esticado verticalmente e os braços, desde os cotovelos até aos ombros, são mantidos perpendiculares ao chão. As pernas devem estar esticadas verticalmente para cima e equilibradas. Chama-se *Pincha Mayurasana.* Enquanto se equilibra sobre os anti-braquiais, expira-se e dobra-se os joelhos, devendo-se elevar o pescoço e a cabeça o mais alto possível acima do nível do chão. A coluna vertebral deve ser esticada a partir dos ombros e os pés devem ser baixados até que os calcanhares repousem sobre a cabeça. Depois de aprender isto, o praticante deve tentar manter as articulações (joelhos e tornozelos) juntas e os dedos dos pés a apontar. As pernas devem estar a 90 graus em relação à cabeça. Ao esticar o pescoço, os ombros, o peito, a coluna e o abdómen nesta postura, a respiração é geralmente mais rápida e mais pesada. Esta postura deve ser praticada durante pelo menos 30 segundos em

[24]Iyengar, B. K. S. (1979). Light on *Yoga,Yoga* Dipika (edição revista),prefácio de Yehudi menuhinSchocken Books New York pg no. 386

2[5] ^ᴛA ^4ï<H<^£π ^r^ì ^id^íí^à‖

ψ^í ^idi^-<y<+^: ^π ^ᴛ^ᴛ^йA (^ór^id^ì з/u^)

o início enquanto se concentra na respiração normal.[24] *Swami Vishnudevananda* também 27 tem quase a mesma opinião.[25]

Dhirendra Brahmachari opina que se deve ajoelhar e as nádegas devem ser colocadas em cima dos calcanhares. As palmas das mãos devem ser colocadas no chão, mantendo-as afastadas cerca de 30 cm, e o corpo é levantado completamente sobre os antebraços com os pés dobrados como o ferrão do escorpião. Numa variação da postura, o corpo apoia-se apenas nas palmas das mãos e depois dobra-se de tal forma que os dedos dos pés podem tocar na testa".[26][27] O movimento da respiração abdominal é limitado pelo estiramento dos músculos nessa zona.

Importância e benefícios

De acordo com *"Swami Satyananda Saraswati, Vrischikasana* reorganiza o *Prana* no corpo e retarda o envelhecimento. Aumenta o fluxo sanguíneo para o cérebro e também para a glândula pituitária, ajudando assim a revitalizar todos os sistemas do corpo. Também tonifica os membros inferiores, o abdómen e os órgãos reprodutores. Alonga as costas, tonificando os

---

[24] Iyengar, B. K. S. (1979). Light on *Yoga,Yoga* Dipika (edição revista),prefácio de Yehudi menuhin Schocken Books New York pg no 386

[25] Vishnudevananda, S. (1972), The Complete Illustrated Book of *Yoga* (Primeira edição). Nova Iorque: Pocket Books.pg no. 147

[26] Brahmachari D. Ciência do *Yoga* (*YogasanaVijnana*). Primeira edição. Mumbai: Asia Publishing House; 1970.Pg no. 252

[27] Leslie Kaminoff. Anatomia *do Yoga.* Segunda edição. Kinetics H, editor. 2011.pg no.201

nervos da coluna vertebral. Além disso, fortalece os braços e desenvolve o equilíbrio.[28]

De acordo com *Swami Vishnudevananda,* este *Asana* proporciona um alongamento completo da coluna vertebral e também transmite uma sensação de equilíbrio a todo o corpo. Como estica o número máximo de músculos do nosso corpo, diz-se que melhora a circulação em todas as partes e também no cérebro.[29]

Dhirendra Brahmachari afirma que se acredita que a prática deste *Asana* fornece quantidades abundantes de sangue ao coração sem qualquer esforço. O *Asana* é difícil de executar, mas observou-se que a prática deste *Asana* durante 30 minutos todos os dias aumenta muito a imunidade do corpo, que pode recuperar até da picada venenosa do escorpião ou da mordidela de cobra. Diz-se que purifica o sangue. Os braços desenvolvem uma força extraordinária e a saúde da garganta é assegurada. As doenças oculares comuns nas suas fases iniciais podem ser controladas e mesmo curadas pouco depois de se iniciar este *Asana.*[30]

De acordo com *BKS Iyengar,* os pulmões expandem-se completamente, alonga os músculos abdominais e também tonifica a coluna vertebral. Para além disso, este *Asana* também proporciona benefícios psicológicos. A cabeça é o lar de várias emoções como o orgulho, a raiva, etc., que são mais mortais do que o veneno do escorpião".[31] *Swami Vyas Devji* opina que esta postura aumenta a força dos braços, traz elasticidade à coluna vertebral e ajuda a ultrapassar a preguiça e as perturbações do baço, dos rins e do estômago.

Contradições

Este *Asana* é contraindicado para as seguintes pessoas:

- Sofre de hipertensão
- Doenças cardíacas
- Vertigem
- Trombose cerebral,
- Catarro crónico [32]

Passos a seguir para *Vrishchikasana*[33]

1. assumir a posição final de *Sirshasana*

2. *os joelhos devem estar dobrados e arqueados para trás*

3. *os antebraços devem ficar paralelos um ao outro, de cada lado da cabeça. as palmas das mãos devem ficar no chão.*

4. *Os pés devem ser baixados em direção à cabeça e, em seguida, a cabeça deve ser levantada para trás e para cima.*

5. Levantar os braços de modo a que fiquem na vertical.

6. Na posição final, os calcanhares devem assentar na coroa da cabeça.

7. relaxar e manter a posição e regressar lentamente a *sirshasana*

Vrischikasana é uma das posturas mais difíceis de manter. Mantenha-a durante 30 segundos no início e, com a prática, até 5 minutos.

---

[28] Saraswati SS. *Asana Pranayama Mudra Bandha*. Quarta Edi. Munger: *Yoga* Publication Trust;2009 pg no 355

[29] Vishnudevananda, S. (1972), The Complete Illustrated Book of *Yoga* (Primeira edição). Nova Iorque: Pocket books. Página 148

[30]Brahmachari D. Ciência do *Yoga* (*YogasanaVijnana*). Primeira edição. Mumbai: Asia Publishing House; 1970.Pg no.253

[31] Iyengar, B. K. S. (1979). Light on *Yoga,Yoga* Dipika (edição revista),prefácio de Yehudi menuhinSchocken Books New York pg no 386

[32]Saraswati SS. *AsanaPranayama Mudra Bandha*, Quarta Edi. Munger: *Yoga* Publication Trust;2009 pg no 356

[33]Saraswati SS. *AsanaPranayama Mudra Bandha*. Quarta Edi. Munger: *Yoga* Publication Trust;2009 pg no 356

Acções conjuntas

- A coluna vertebral é neutra.
- Perna de pé - A anca é estendida, rodada internamente e aduzida.
- O joelho está estendido.
- O tornozelo está em flexão plantar.
- Perna levantada - A anca é flectida, rodada externamente e abduzida.
- Os joelhos estão flectidos.
- O tornozelo está dorsiflexionado.

Envolvimento respiratório

- Os pulmões expandem-se ao máximo
- Melhoria da força dos músculos intercostais
- Desenvolve a contração e o relaxamento das vias respiratórias.

Figura.1 *Vrischikasana* Vista anterior

Figura.2 *Vrischikasana* Vista lateral

Makarasana

A palavra *Makarasana* vem da literatura sânscrita. "*Makar*" significa crocodilo e a palavra "*Asana*" significa postura. Em *Makarasana,* a postura do corpo tem uma semelhança impressionante com a do crocodilo que descansa com a cara e o pescoço acima do nível da água. Este *Asana* relaxa o corpo e é praticado para proporcionar alívio e calma após a tensão causada pela prática de outros *Asana*.

Em Textos Clássicos do *Yoga*

De acordo com o "*Gheranda Samhita*", deve deitar-se em decúbito ventral, com o esterno e as costelas virados para o chão, as coxas e as pernas devem estar esticadas e a cabeça deve ser mantida com as palmas das mãos. Esta postura é *Makarasana* e acredita-se que aumenta o

13

calor do corpo".[34]

No texto moderno do *Yoga*

"Swami Satyananda Saraswati explica *Makarasana* como deitar-se de barriga para baixo, levantar a cabeça e os ombros e apoiar o queixo nas palmas das mãos com os cotovelos no chão. Manter os cotovelos juntos para fazer um arco reconhecível na coluna vertebral. Afastar ligeiramente os cotovelos um do outro para aliviar o excesso de pressão no pescoço. *Makarasana* é mais eficaz em dois pontos: o pescoço e a parte lombar das costas. A tensão pode ser sentida no pescoço se colocarmos os cotovelos demasiado à frente, e é mais sentida nas costas se os cotovelos forem mantidos demasiado perto do peito. Por isso, os cotovelos têm de ser mantidos numa posição em que não se sinta tensão". A posição ideal é quando toda a coluna vertebral está relaxada e todo o corpo está à vontade.

De acordo com *"B.K.S Iyengar,* para entrar na posição de *Makarasana*, deitar-se no chão com o rosto virado para baixo, o peito a tocar no chão e ambas as pernas esticadas, apanhar a cabeça com os braços. Esta é a postura do crocodilo, que aumenta o calor do corpo. É uma variação de *Shalabhasana".*[35]

"Dhirendra Brahmachari explica *Makarasana* como deitar-se no chão com o rosto virado para baixo e os braços totalmente esticados para a frente".[36]

Benefícios

Os doentes com ciática, hérnia de disco e dores lombares beneficiam muito com a prática de *Makarasana*. Este *"Asana* pode ser mantido durante mais tempo, uma vez que liberta a compressão sobre os nervos espinais, ajudando assim toda a coluna vertebral a recuperar a sua forma anatómica normal. Os doentes com asma, bem como os que sofrem de outras doenças pulmonares, devem praticar este simples *Asana de forma* rotineira, uma vez que proporciona mais espaço para a ventilação dos pulmões"[37] e, assim, aumenta a concentração de oxigénio no sangue.

Todo o corpo é exercitado, transpirado e fatigado. A circulação do sangue melhora, provocando assim uma melhor oxigenação. Fortalece sobretudo os braços, os dedos e as pernas.[38]

"Makarasana ajuda a eliminar a fadiga do corpo e é útil também para os órgãos abdominais. As pessoas com corpos irregulares e curvados devem praticá-la. Este *Asana* fornece energia ao corpo e torna-o firme e robusto como o de um crocodilo. A prática contínua deste *Asana* abranda a respiração, o que é de grande importância para o *Yogi".*[39]

Contra-indicações

Aqueles que sofrem de-

* Problemas graves nas costas
* Problemas gástricos

Técnica de *Makarasana*

1. repousar sobre o peito e o abdómen.

---

[35]Iyengar BKS. Light on Yoga. edição revista. Schocken Books New York; 1979 página 100

[36]Brahmachari D. Ciência do Yoga (YogasanaVijnana). Primeira edição. Mumbai: Asia Publishing House; 1970. página 93

[37]Saraswati SS. Asana Pranayama Mudra Bandha. Quarta Edi. Munger: Yoga Publication Trust; 2009. Página 91

[38] Dev SV. Primeiros Passos para o Yoga Superior. Primeira edição. Yoga Niketan trust; 1970. Página 110

[39]Brahmachari D. Ciência do Yoga (YogasanaVijnana). Primeira edição. Mumbai: Asia Publishing House; 1970. página 93

*2. levantar a cabeça e os ombros e apoiar a cabeça nas palmas das mãos com os cotovelos
virados para fora*

3. Depois, feche os olhos e relaxe toda a mente e o corpo.

4. Depois de algum tempo, abrir os olhos e soltar lentamente a postura.

Acções conjuntas

- A coluna vertebral está estendida
- Os tornozelos estão em flexão plantar.
- Os joelhos estão estendidos.
- As ancas estão estendidas, rodadas internamente e aduzidas.
- A articulação do ombro é rodada internamente.
- Os cotovelos estão flectidos.
- Os antebraços são pronados.

Envolvimento respiratório

- O abdómen assenta no chão. Pressiona contra o chão ao inspirar e recua
enquanto expira.
- As costelas inferiores expandem-se lateralmente durante a inspiração e contraem-se
durante a expiração.
- O diafragma contrai-se, provocando a expansão da caixa torácica.
- O diafragma relaxa, fazendo com que a caixa torácica volte para dentro.

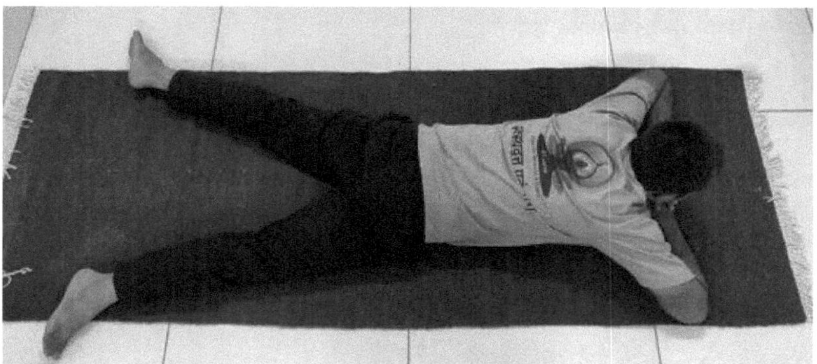

Figura.3 Makarasana **Vista lateral**

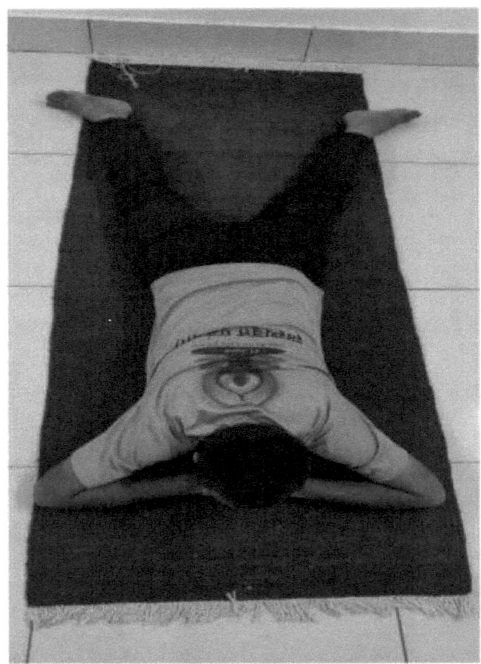

***Picture.4 Makarasana* Superior View**

Matsyasana

Matsyasana vem da palavra *"Matsya"*, que significa peixe. Este "*Asana foi* dedicado a *Bhagwan Vishnu sob a* forma de *Matsya* e considerado como a fonte e o sustentáculo de todo o universo, de acordo com a mitologia hindu".

Benefícios[42]

- A região dorsal e a caixa torácica são completamente esticadas e expandidas em *Matsyasana*.
- A respiração é aumentada neste caso.
- As glândulas tiroide e paratiroide são estimuladas devido ao alongamento do pescoço.
- A elasticidade e a mobilidade das articulações da pélvis aumentam.
- *Matsyasana* alivia as hemorróidas inflamadas e hemorrágicas.

Contradições[43] -

Nas seguintes condições, este *Asana* deve ser evitado

- Mulheres grávidas
- Úlceras do estômago
- Hérnia
- Hipertiroidismo
- Problema de disco deslizante

---

[42]Saraswati SS. Asana Pranayama Mudra Bandha. Quarta Edi. Munger: Yoga Publication Trust;2015. Página195
[43]Saraswati SS. Asana Pranayama Mudra Bandha. Quarta Edi. Munger: Yoga Publication Trust;2015. Página195

- Problema de órgão interno

Passos a seguir

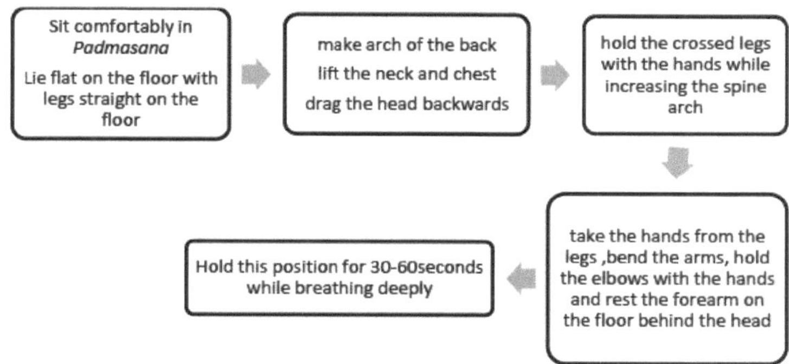

Sentar-se confortavelmente em *Padmasana* Deitar-se no chão com as pernas esticadas no chão fazer o arco das costas levantar o pescoço e o peito arrastar a cabeça para trás

segurar as pernas cruzadas com as mãos, aumentando o arco da coluna

tirar as mãos das pernas, dobrar os braços, segurar os cotovelos com as mãos e apoiar o antebraço no chão atrás da cabeça

Manter esta posição durante 30-60 segundos, respirando profundamente

Acções conjuntas
- A coluna vertebral está estendida
- Flexão, abdução e rotação externa na articulação da anca
- Flexão da articulação do joelho.
- Os tornozelos são flexionados em planta.
- As articulações do ombro são estendidas, aduzidas e rodadas internamente.
- A escápula está em rotação para baixo e adução.
- Os cotovelos estão flectidos.
- Os antebraços são pronados.

Envolvimento respiratório
- A caixa torácica está totalmente expandida neste
- A respiração profunda aumenta a ventilação[44]
- Relaxamento profundo dos músculos respiratórios

---

[44]Saraswati SS. Asana Pranayama Mudra Bandha. Quarta Edi. Munger: Yoga Publication Trust;2015. Página195

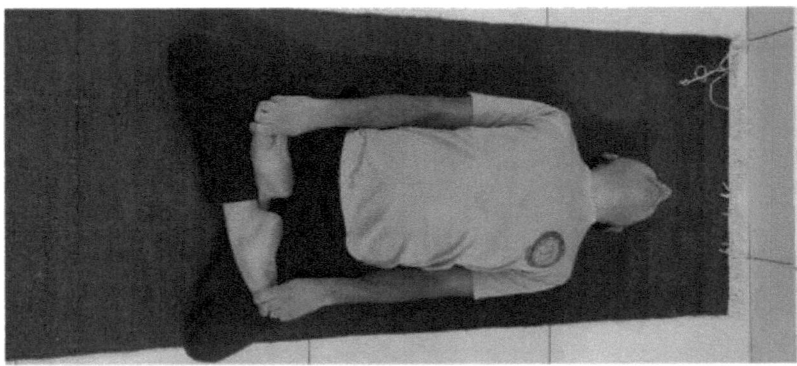

Imagem 5. *Matsyasana* **Vista superior**

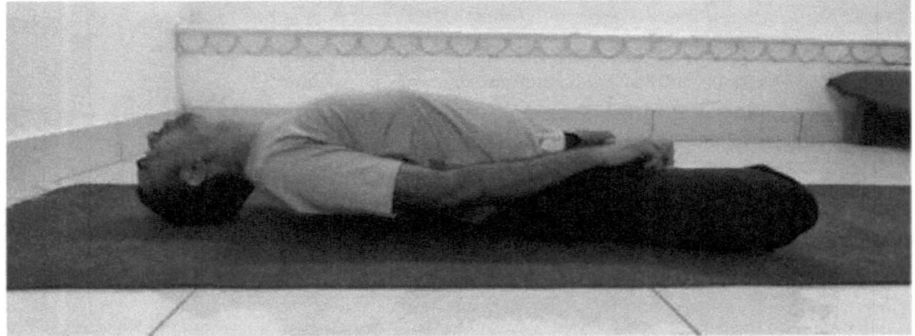

***Figura.6 Matsyasana* Vista lateral**

Uttanasana

" As origens de *Uttanasana* através de palavras sânscritas são lidas como a coalescência de "ut+tan+asana". Aqui, *"ut"* significa intenso, *"tan"* refere-se a alongamento, enquanto *"Asana"* significa Postura. *Uttanasana* é uma postura de flexão para a frente em pé. Quando exploramos anatomicamente este *Asana, vemos* que a cabeça fica pendurada abaixo do nível do coração, encorajando assim o sangue fresco e rico em oxigénio a refluir para o cérebro, resultando no rejuvenescimento e revitalização das células, o que leva a um aumento de oxigénio para todo o corpo.

Benefícios [45]

- Nutre e melhora o funcionamento do fígado, dos rins e do baço.
- Melhora a flexibilidade das articulações da anca.
- Melhora a circulação sanguínea.
- Melhora a postura do corpo e da coluna vertebral.
- Proporciona um bom alongamento dos músculos das pernas e dos isquiotibiais.
- Facilita o funcionamento dos sistemas nervoso e endócrino.
- Tonifica e ativa os músculos abdominais, das costas e do tórax.
- Acalma as células cerebrais, o que é muito útil para pessoas com problemas de ansiedade.
- Os olhos começam a brilhar depois deste Asana.

---

[45]Iyengar BKS. The Illustrated Light on Yoga. edição revista. 2005 Harper Collins Publishers India 1997; página 52

Contradições[46]

As pessoas que tenham alguma das seguintes condições não devem fazer este *Asana*

- Mulheres grávidas e menstruadas
- Protuberância ou hérnia no disco vertebral
- Se houver uma lesão na articulação do tornozelo ou do joelho
- Ciática ou qualquer lesão na região lombar inferior
- Enxaqueca ou qualquer tipo de problema relacionado com a cabeça.
- Tensão arterial elevada".

Passos a seguir[47]

[46]Iyengar BKS. The Illustrated Light on Yoga. edição revista. 2005 Harper Collins Publishers India 1997; página 52

[47]Iyengar BKS. The Illustrated Light on Yoga. edição revista. 2005 Harper Collins Publishers India 1997; página 52

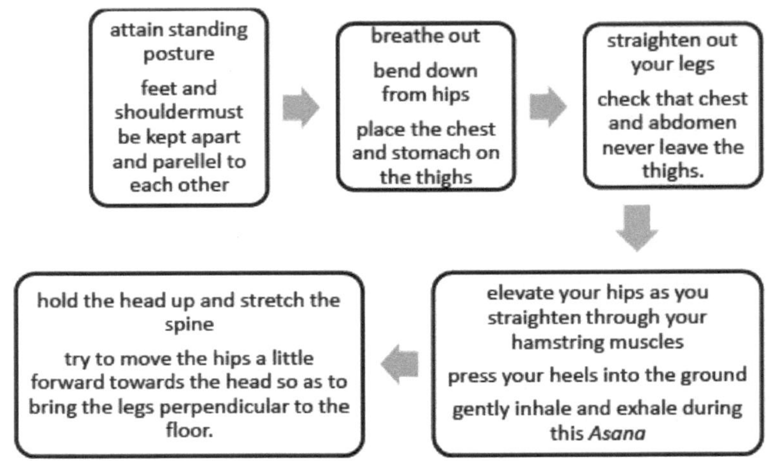

na postura de pé, os pés e os ombros devem estar afastados e paralelos um ao outro

expire incline-se para baixo a partir das ancas coloque o peito e o estômago sobre as coxas

endireitar as pernas, verificar se o peito e o abdómen não saem das coxas.

manter a cabeça erguida e esticar a coluna vertebral tentar mover as ancas um pouco para a frente em direção à cabeça, de modo a colocar as pernas perpendiculares ao chão.

eleve as ancas enquanto se endireita através dos músculos dos isquiotibiais pressione os calcanhares no chão inspire e expire suavemente durante este *Asana*

Acções conjuntas
* Flexão média da coluna vertebral
* Flexão do tronco nas ancas
* A articulação da anca deve ser aduzida e ligeiramente rodada internamente.
* Braços flectidos na articulação do ombro
* Pernas estendidas na articulação do joelho

Envolvimento respiratório
* Esta postura abre e alonga o peito e o diafragma.
* Aumenta a capacidade dos pulmões.
* Facilita a respiração profunda.

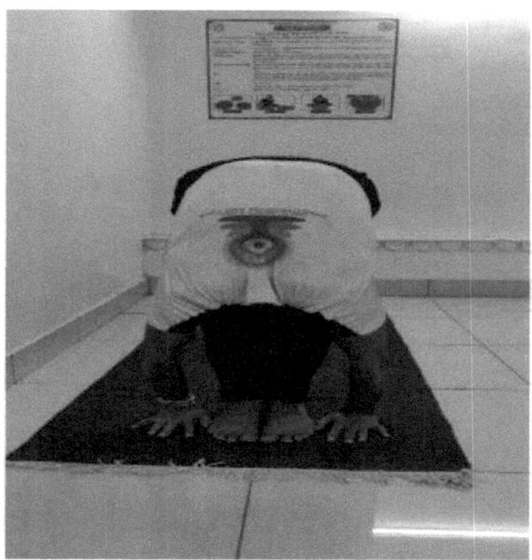

Figura .7 *Uttanasana* **Vista anterior**

Figura .8 Uttanasana **Vista lateral**

Sashakasana

"Sashakasana vem de uma palavra sânscrita *"Sashak"* que significa coelho. Este nome é dado a este asana porque esta postura é semelhante à postura adoptada pelo coelho". Uma pequena variação de *Sashakasana* é também conhecida como *Balasana* ou postura da criança.

Benefícios[48]

- "Melhora a flexibilidade da coluna vertebral, relaxa a coluna vertebral.
- Estimula o bom funcionamento das glândulas supra-renais.
- Melhora a flexibilidade da região pélvica, dos nervos e dos músculos desta zona

---

[48]Saraswati SS. Asana Pranayama Mudra Bandha. Quarta Edi. Munger: Yoga Publication Trust;2015. Página no. 128

é massajado.

Ajuda no bom funcionamento dos órgãos reprodutores masculinos e femininos.

- Ajuda a curar a obstipação crónica.
- Melhora a auto-consciência e regula a respiração.

Contradições[49]

- Pessoas com tensão arterial elevada.
- Vertigem
- Lesão no pescoço ou no ombro
- Mulheres grávidas
- Deslizamento de disco ou qualquer tipo de lesão na coluna vertebral.

Passos a seguir[50]

Sentar-se confortavelmente em *Vajrasana* com as mãos apoiadas nas coxas e as mãos logo acima das articulações dos joelhos.

Manter a coluna vertebral direita e os olhos fechados, tornar o corpo relaxado e calmo.

Ao respirar o ar para dentro, os braços devem ser colocados acima da cabeça, os cotovelos devem ser mantidos direitos e a largura dos ombros deve ser mantida entre os dois armas.

w Ao expirar, mover lentamente o tronco na direção da frente, mantendo a coluna rectas e só se dobram a partir da região pélvica.

- Manter os braços ligeiramente flectidos e, em seguida, apoiar as mãos, a testa e a cotovelos no chão. Os dois braços devem estar à frente dos joelhos e depois manter esta posição por pouco tempo .
- Se possível, tocar nos braços e na testa simultaneamente com o solo.
- Manter esta posição durante um curto período de tempo, depois expirar e levantar lentamente a testa e os braços na posição vertical.
- Os braços devem ser baixados e as mãos devem ser mantidas sobre as coxas.
- Relaxe e respire fundo.
- Tente fazer pelo menos 3-5 rondas deste *Asana"*.

Acções conjuntas

- A articulação do tornozelo está totalmente estendida
- Articulação da anca fletida ou abduzida
- Articulação do joelho fletida
- A coluna vertebral é reta e só se dobra na articulação sacro-ilíaca
- Braços totalmente estendidos

Envolvimento respiratório-

- Observa-se um alongamento diafragmático.
- Aumentar a atividade dos músculos expiratórios.
- Quebra o ciclo vicioso de ansiedade e broncoespasmo durante os ataques agudos.

- Abre os espasmos das vias respiratórias

---

[49]Saraswati SS. Asana Pranayama Mudra Bandha. Quarta Edi. Munger: Yoga Publication Trust;2015. Página128
[50]Saraswati SS. Asana Pranayama Mudra Bandha. Quarta Edi. Munger: Yoga Publication Trust;2015. Página127

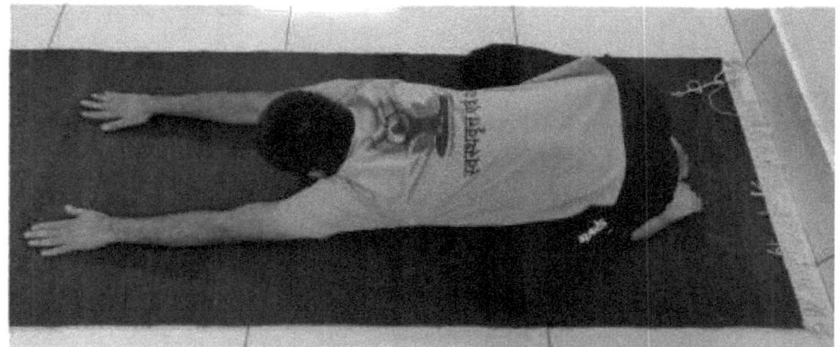

Figura.9 *Sashakasana* **Vista superior**

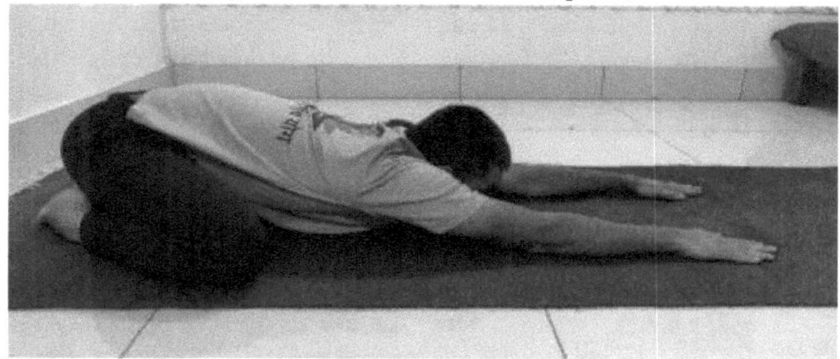

Figura .10 Sashakasana **Vista lateral**

Shalabhasana

Shalabhasana também é conhecido como "pose do gafanhoto" ou "pose do gafanhoto" e é um *Asana* de flexão de costas. A palavra "*Shalabh*" deriva das raízes sânscritas que significam gafanhoto ou gafanhoto, daí o nome *Shalabhasana* dado a este *Asana*.

Em Textos Clássicos do *Yoga*

De acordo com o "*Gheranda Samhita*", para executar *Shalabhasana* deve deitar-se em posição prona com as mãos colocadas de cada lado do tórax, com as palmas viradas para o chão. As pernas são então levantadas no ar a quase um côvado de altura. Esta é a *Shalabhasana* ou postura do gafanhoto".[51]

Nos textos modernos do *Yoga*

De acordo com "*Dhirendra Brahmachari* esta postura pode ser alcançada seguindo os passos:

a.   deitar-se sobre o abdómen colocando as palmas das mãos junto aos ombros

b.   os pés devem estar unidos

c.   o corpo deve ser levantado do chão tanto quanto possível, mantendo-o direito, acima e abaixo da cintura.[52]

Uma descrição semelhante do *Asana* é encontrada no texto de *BKS Iyengar*. A posição é mantida durante o maior tempo possível com respiração normal. Inicialmente, levantar as pernas e o peito do chão é bastante difícil, mas torna-se mais fácil à medida que a prática fortalece os músculos do abdómen".[53]

---

[52]Brahmachari D. Ciência do Yoga (YogasanaVijnana). Primeira edição. Mumbai: Asia Publishing House; 1970. página 84

[53]Iyengar BKS. Light on Yoga. edição revista. Schocken Books New York; 1979 página 99

Benefícios

"O Shalabhasana tem benefícios comprovados para a pélvis e o abdómen. [54] *O shalabhasana* não só ajuda a fortalecer a zona lombar e os órgãos pélvicos, como também alivia dores de costas, ciática ligeira e hérnias discais em casos ligeiramente sintomáticos. Também melhora o funcionamento do fígado, do gástrio e de todo o TGI, aumentando assim o apetite. Para além disso, os músculos dos glúteos ficam tensos, pelo que se executa espontaneamente o *Vajroli Mudra.*[55]

O peito alarga-se e torna-se flexível com a prática deste *Asana.* A musculatura da cintura também é beneficiada pela *Salabhasana.* Beneficia igualmente os músculos abdominais, bem como os ombros. Alivia a obstipação e melhora a digestão.[56]

Esta postura funciona bem para as pessoas com problemas gástricos, uma vez que melhora a digestão e alivia a flatulência. Uma vez que se sente um alongamento da coluna vertebral durante a execução deste *Asana, também* actua bem para as dores lombares e sacrais e pode reduzir as hipóteses de cirurgia. Outros órgãos, como a bexiga e a próstata, também beneficiam deste *Asana do Yoga".*[57]

Contra-indicações

Aqueles que sofrem de-

A Dor aguda nas costas

- Ciática
- Prolapso uterino
- Mulheres grávidas

Passos a *seguir-*

- Deitar-se no chão com a barriga encostada ao chão e o rosto virado para baixo.
- Esticar os braços para trás.
- A cabeça, o peito e as pernas são levantados do chão simultaneamente até uma altura. As mãos apoiam-se no tapete de *Yoga,* tendo o cuidado de não apoiar as costelas no chão. O peso do corpo deve ser suportado apenas pela parte abdominal.
- Para manter esta postura, é necessário contrair os glúteos e esticar os músculos das coxas, mantendo ambas as pernas direitas e totalmente esticadas.
- Não fazer: Suportar o peso do corpo nas mãos.
- As mãos devem ser esticadas para trás para fortalecer os músculos da parte superior das costas.
- A posição deve ser mantida durante o máximo de tempo possível com uma respiração normal".

Acções conjuntas

A Os tornozelos estão em flexão plantar.

- Os joelhos estão estendidos.
- As ancas estão estendidas, rodadas medialmente e aduzidas.
- A coluna vertebral está estendida.
- A articulação do ombro é flectida e rodada externamente.

---

[54]Kuvalayananda, S. (2012). Asanas (Oitavo Edi) Lonavala: Kaivalyadhama S.M.Y.M Samiti. Pg.62

[55]Saraswati SS. Asana Pranayama Mudra Bandha. Quarta Edi. Munger: Yoga Publication Trust; 2009. Página 206

[56]Brahmachari D. Ciência do Yoga (YogasanaVijnana). Primeira edição. Mumbai: Asia Publishing House; 1970. página 84

[58]Iyengar BKS. Light on Yoga. edição revista. Schocken Books New York; 1979 página 99

- Os cotovelos estão estendidos.
- Os antebraços são pronados.

Envolvimento respiratório
- Reforça os músculos da respiração.
- Desenvolver a consciência da contração e expansão das vias respiratórias.
- Efeito estabilizador da reatividade brônquica.

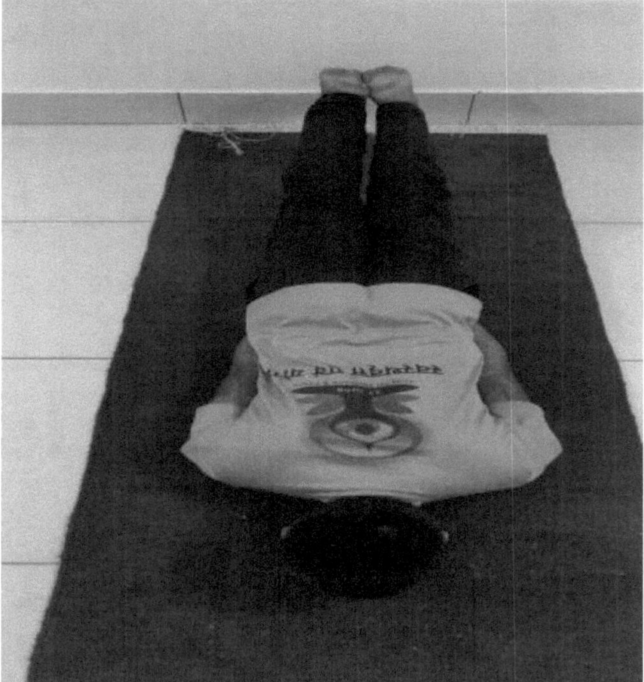

Imagem.11 *Shalabhasana* Vista superior

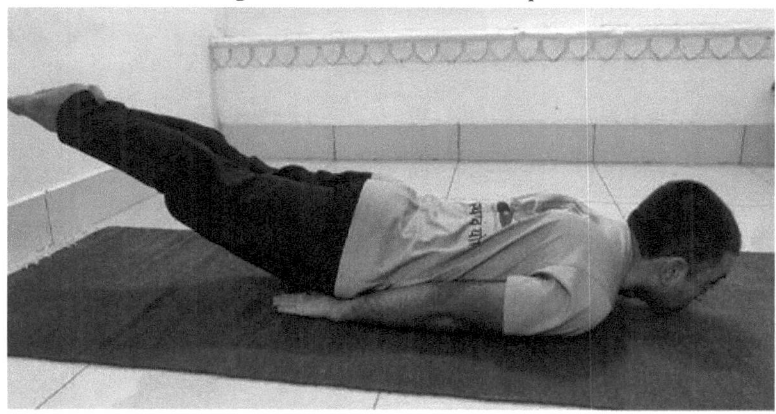

Figura.12 *Shalabhasana* Vista lateral

Kurmasana

Kurmasana vem da palavra *sânscrita "Kurma"* que significa "tartaruga" ou "cágado" e *Asana* que significa "postura" ou "assento". É assim chamado porque o *Asana* se assemelha a uma tartaruga. *Kurmasana* também pode ser conhecida como postura da tartaruga. *"Gheranda Samhita* e *Hatha Yoga Pradipika* são os antigos *Samhita* onde este *Asana* foi mencionado, embora a versão modificada deste *Asana* esteja a ser praticada atualmente".

Em Textos Clássicos do *Yoga*

No *"Hatha Yoga Pradipika,* para alcançar a postura de *Kurmasana,* coloque o tornozelo direito no lado esquerdo do ânus e o tornozelo esquerdo no lado direito do mesmo e chame-lhe *Kurmasana*[58] ".

No *"Gheranda Samhita" diz-se* que, para ter esta postura, colocar os dois calcanhares por baixo do escroto de forma oposta, ou seja, o calcanhar direito do lado esquerdo e o calcanhar esquerdo do lado direito. Manter o corpo, a cabeça e o pescoço direitos. Este *Asana* é chamado *Kurmasana*[59] . Em ambos os textos, para este *Asana* e posição, é usado o termo *Vyutkramena,* que significa versão oposta. Na descrição de autores como *Swami Muktibodhananda* e *James Mallison,* os tornozelos permanecem no mesmo lado e estão em posição evertida".

Nos textos modernos de *Yoga-*

"BKS Iyengar[60] na sua literatura mencionou *Kurmasana* e *Supta Kurmasana. Supta Kurmasana* é mencionado como a fase final de *Kurmasana.* Nesta posição, depois de se sentar com as pernas direitas, as mãos são inseridas uma após a outra debaixo dos joelhos. Os braços devem ser empurrados para baixo dos joelhos e depois esticados para os lados, apoiando os ombros e as palmas das mãos no chão. O pescoço é esticado, levando a testa, o queixo e depois o peito até ao chão.

p As palmas das mãos devem estar viradas para cima, afastando os braços dos ombros e esticando-os de modo a que os antebraços fiquem junto às articulações das ancas.

H As mãos são colocadas atrás das costas e os cotovelos são dobrados para as apertar.

• Os pés ficam entrelaçados nos tornozelos. Isto consegue-se colocando o pé direito sobre o esquerdo e introduzindo a cabeça entre os pés e mantendo a testa no chão.

A fase final desta posição é conhecida como *Supta Kurmasana.* Estes dois nomes também são mencionados por *Patthabhi Jois*[61] e descrevem os mesmos passos para entrar neste *Asana. Krishnamacharya*[62] e *Swami Vishnudevananda*[63] *também* descreveram *Kurmasana* da mesma forma e deram os mesmos passos para estar neste *Asana".*

No livro "Science of *Yoga"* escrito por *"Dhirendra Brahmachari*[64] uma variação diferente é descrita em pormenor. Para entrar nesta postura, agache-se no chão, mantendo os calcanhares de cada lado das nádegas e os dedos dos pés a tocarem-se. Pressionar os cotovelos contra o umbigo e apertar as mãos. Esticar a parte superior do corpo o mais possível". Também foi

---

[60]Iyengar BKS. Light on Yoga. edição revista. Schocken Books New York; 1979. página 288.
[61]K. PattabhiJois. Yogamala. Primeiro eboo. New York: North point Press; 2011. Página 43.
[62]Krishnamacharya T. Yoga Makaranda Yoga Saram (A Essência do Yoga) Primeira Parte. Edição Tamil. Imprensa de Madurai C.M.V.; 1938. Página 111.
[63]Vishnudevananda S. O Livro Completo Ilustrado do Yoga. Primeira edição. New York: Pocket books; 1972. Página 119.
[64]Brahmachari D. Ciência do Yoga (YogasanaVijnana). Primeira edição. Mumbai: Asia Publishing Câmara; 1970. Página 71

descrita outra técnica que é semelhante à descrição no *Hatha Yoga Pradipika*. Pressionar o lado esquerdo do ânus com o tornozelo direito e vice-versa". Swami Satyananda Saraswati[65] também deu uma descrição semelhante de *Kurmasana*.

Benefícios

Os textos clássicos do *Yoga* em que *o Kurmasana* foi mencionado permaneceram completamente silenciosos sobre a importância e os usos deste *Asana*.

"*BKS Iyengar* deu alguns dos pormenores deste *Asana:* ao praticar este *Asana,* a mente fica calma e a pessoa desenvolve auto-possessão ou auto-controlo sobre a tristeza ou a alegria. A mente liberta-se da ansiedade e de emoções como a paixão, o medo e a raiva. Os benefícios físicos incluem a tonificação da coluna vertebral e a estimulação dos órgãos abdominais. Este *Asana* é um trampolim na preparação de um indivíduo para o *Pratyahara:* 5th estágio das práticas do *Asthanga Yoga*".

"*Dhirendra Brahmachari* também enfatiza a importância do efeito de *Kurmasana* na mente. Este *Asana* permite que as pessoas se desliguem da associação mental e sensual para olharem para dentro de si próprias. Este *Asana* induz "*Agni*" no corpo, o que reduz a sensibilidade ao frio. Este *Asana* ajuda no despertar da *Kundalini Shakti*".

"Passos a seguir

* Sentar-se na posição normal, com as costas direitas e as pernas estendidas para a frente
* Os pés devem estar flectidos e os dedos apontados para cima
* Afastar as pernas à largura dos ombros e dobrar os joelhos
* Colocar os braços à frente, mantendo-os entre as pernas.
* Dobrar o tronco lentamente e tentar inclinar-se para a frente com os dois braços para fora e as palmas das mãos viradas para baixo
* Tentar levar o peito e a cabeça o mais possível para a frente, de modo a que o queixo toque no chão
* O olhar deve estar virado para a frente e respirar profundamente, o que o fará sentir-se relaxado".

Acções conjuntas

* Tornozelos em flexão plantar
* Flexão das articulações metacarpofalângicas e interfalângicas
* Os joelhos e a articulação da anca são fletidos e abduzidos,
* Lombada erecta,
* Ombro rodado internamente e aduzido
* As articulações do cotovelo estão estendidas

Envolvimento respiratório-

* Cria um alongamento na caixa torácica que permite a expansão total dos pulmões durante a respiração.
* Reduz a rigidez da coluna vertebral.
* Os órgãos abdominais exercem pressão sobre o diafragma que, por sua vez, exerce pressão sobre os pulmões.

---

[65]Saraswati SS. Asana Pranayama Mudra Bandha. Quarta Edi. Munger: Yoga Publication Trust;2009. Página 326

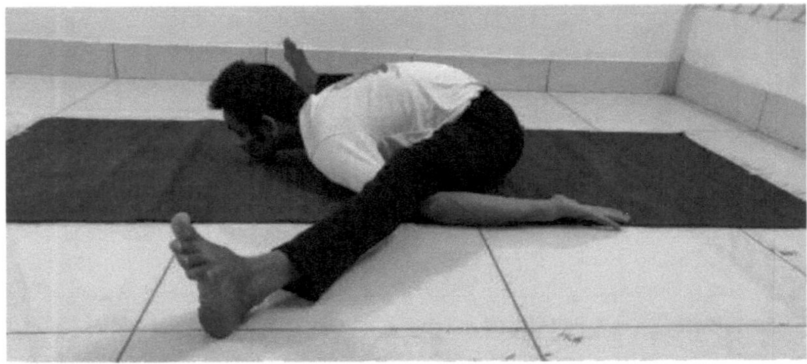

Figura 13. *Kurmasana* **Vista Lateral**

Imagem .14 *Kurmasana* **Superior View**

Dhanurasana

O *"Dhanurasana"* deriva do seu nome porque tem uma semelhança impressionante com o arco com a sua corda presa a ele, onde o abdómen e as coxas são homólogos ao comprimento principal do arco, enquanto as mãos e as pernas se assemelham a uma corda. *"Dhanus* significa literalmente "arco".

Em Textos Clássicos do *Yoga*

Conforme descrito no *"Hatha Yoga Pradipika,* os dedos dos pés devem ser segurados com ambas as mãos e depois levados para cima, desenhando o corpo como um arco. Esta postura é atualmente designada por *Dhanurasana".*[66]

No *"Gheranda Samhita"*, "Estender as pernas no chão, direitas como um pau, e agarrar (os dedos dos pés) com as mãos, e fazer o corpo curvado como um arco, é chamado pelos *Yogis* de *Dhanurasana"* ou postura do arco".[67]

Nos textos modernos do *Yoga*

De acordo com *"Swami Satyananda Saraswati",* para chegar a esta posição, deite-se de barriga para baixo com as pernas e os pés juntos e os braços e as mãos ao lado do corpo. Dobrar os joelhos e aproximar os calcanhares das nádegas. Agarrar os tornozelos com as mãos. Colocar o queixo no chão. Esta é a posição inicial. Tensione os músculos das pernas e afaste os pés do corpo. Arquear a coluna vertebral enquanto levanta as coxas, o peito e a cabeça em conjunto. Mantenha os braços direitos. Na posição final, a cabeça é inclinada para trás e o abdómen apoia todo o corpo no chão. A única contração muscular é a das pernas; as costas e os braços permanecem relaxados. Manter esta posição final durante o tempo que for confortável e depois, relaxando lentamente os músculos das pernas, baixar as pernas, o peito e a cabeça para a posição inicial. Soltar a postura e relaxar na posição de bruços até a respiração voltar ao normal. Esta é uma ronda".

"Swami Yogendra descreveu *Dhanurasana* como *Dhanurvakrasana.* Uma excelente contra-posição à postura de alongamento posterior acima descrita pode ser encontrada na postura conhecida como *Dhanurvakrasana* ou a postura da curva em arco.[68]

L Deitar-se em decúbito ventral, dobrando as articulações dos joelhos de trás para cima e dobrando

eles.

- Os braços são trazidos para trás, direitos, e os tornozelos são segurados com as mãos. Depois, o pescoço é levantado em simultâneo e puxado para cima até aos tornozelos, lentamente, enquanto se inspira.

- Todo o corpo repousa sobre a zona do umbigo (região umbilical).

- Os joelhos devem ser mantidos juntos para obter o máximo de benefícios

a pose.

Manter esta posição até ficar confortável, mantendo a respiração. *Dhanurasana* pode ser visto como uma amálgama de *Shalabhasana* e *Bhujangasana".*[69][69]

"Dhirendra Brahamchari explica *Dhanurasana* como: deitar-se em decúbito ventral com as palmas das mãos viradas para cima e mantidas perto e ao lado das coxas no chão. As pernas devem ser levantadas gradualmente de modo a que os dedos dos pés toquem no chão atrás da cabeça a uma distância a que os braços estendidos possam segurar os dedos dos pés. Os dedos grandes dos pés devem então ser segurados pelas mãos. As pernas, desde as coxas até aos pés, e os braços, desde os ombros até aos dedos, devem permanecer absolutamente direitos".[70]

Benefícios

"Dhanurasana exerce uma grande pressão sobre a coluna vertebral e o estômago e dá força aos ossos vertebrais; a coluna vertebral torna-se elástica e flexível; alivia a obstipação e a dispepsia. Os músculos e os nervos dos ombros, braços, mãos, coxas e pés são 72

reforçado, tonificado e beneficiado.[71]

- Devolve a elasticidade à coluna vertebral
- Tonifica os órgãos abdominais
- Benefícios nas patologias de deslizamento discal.[72]
- Ajuda no controlo da diabetes

A Também em doenças como a incontinência, colite, perturbações menstruais

- Sob orientação especial para a espondilite cervical por diferentes terapeutas de Yoga
- facilita a circulação sanguínea
- alivia várias doenças do peito, como a asma,
- Melhora a respiração".[73]

---

[68]Yogendra Shri, Yoga Asana Simplified, The yoga institute Mumbai, página 146

[69]Rele VG, Yoga Asana for health and vigor, D b. Taraporeyala sons & co, página 37

[70]Brahmachari D. Ciência do Yoga (YogasanaVijnana). Primeira edição. Mumbai: Asia Publishing Casa; 1970.

[71]Iyengar BKS. Light on Yoga. edição revista. Schocken Books New York; 1979.

[72]Iyengar BKS. Light on Yoga. edição revista. Schocken Books New York; 1979

- Aumenta a pressão intra-abdominal, alonga os músculos abdominais e pélvicos
- A drenagem venosa da circulação esplâncnica facilita o fornecimento de 75

sangue para as vísceras abdominais.[74]

- Ao exercer uma tração sobre os músculos da respiração, aumenta a capacidade do tórax.

O aumento da capacidade do tórax resulta numa diminuição da pressão no interior do tórax, permitindo que os pulmões se expandam ao máximo e aumentando assim a área de absorção de oxigénio em cada inspiração.[75]

Este *Asana* em particular torna o corpo gracioso e flexível. Tem vantagens definidas para a coluna vertebral. De acordo com os ensinamentos do *ioga*, a boa saúde, a longevidade e a ausência de doenças estão em proporção direta com a flexibilidade e a resistência da coluna vertebral. O referido *Asana* torna os ombros e o pescoço fortes, a cintura fina e o corpo torna-se belo e radiante. Os olhos brilham e a visão melhora. As pessoas com hipertensão ou problemas cardíacos são contra-indicadas para a prática deste *Asana".*[76]

---

[73]Saraswati SS. Asana Pranayama Mudra Bandha. Quarta Edi. Munger: Yoga Publication Trust; 2009. Página 211
[74]Yogendra Shri, Yoga Asana Simplified, The yoga institute Mumbai, página 146
[75]Rele VG, Yoga Asana for health and vigor, D b. Taraporeyala sons & co, página 37
[76]Brahmachari D. Ciência do Yoga (YogasanaVijnana). Primeira edição. Mumbai: Asia Publishing Casa; 1970.

Passos a seguir

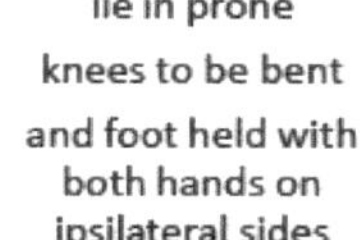

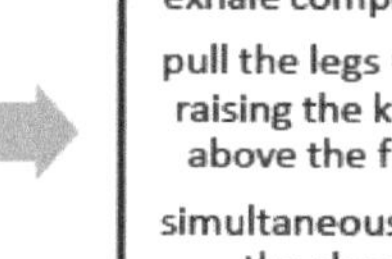

deitar em decúbito ventral joelhos dobrados e pé seguro com as duas mãos do lado ipsilateral

expire completamente puxe as pernas para cima, levantando os joelhos acima do chão e, simultaneamente, levante o peito

Levantar a cabeça e puxá-la o mais possível para trás Não apoiar as costelas nem os ossos pélvicos no chão

Apenas o abdómen suporta o peso do corpo no chão.

Ao levantar as pernas, não as junte pelos joelhos Depois de esticar completamente para cima, junte as coxas, os joelhos e os tornozelos

Acções conjuntas
- As articulações da anca são estendidas, aduzidas e rodadas medialmente.
- Os joelhos estão flectidos.
- Os tornozelos são flexionados em planta.
- As articulações do ombro são estendidas, aduzidas e rodadas internamente.
- Os cotovelos estão estendidos.
- Os antebraços são pronados.
- A coluna vertebral está estendida.

Envolvimento respiratório-
- A postura permite a expansão do peito, aliviando assim a asma e os problemas respiratórios.
- O peito expande-se ao máximo, o que proporciona uma maior área de absorção de oxigénio durante cada inspiração.

Figura 15 *Dhanurasana* Vista anterior

Figura .16 *Dhanurasana* Vista lateral

Matsyendrasana

Matsyendrasana recebe o seu nome do sábio "*Matsyendranath*", que se sentava sempre neste *Asana*. Ele era um santo lendário na tradição *do Hatha Yoga* e o *guru* de *Sant Gorakhanath*. "*O Yogi Matsyendranath* é também considerado um estudante e discípulo do Deus Hindu *Bhagwan Shiva*, também conhecido como *Adiyogi*, que significa primeiro *Yogi*".

Em Textos Clássicos do *Yoga*

No "*Hatha Yoga Pradipika*", para estar nesta postura, o pé direito é colocado na nuca da coxa esquerda e o pé esquerdo ao lado do joelho direito. O dedo grande do pé esquerdo é agarrado com a mão direita, o corpo é torcido de modo a passar o braço esquerdo por trás da cintura, com o corpo ainda virado. A referida postura de *Yoga* foi descrita pela primeira vez por 78 *Sri Matsyendranath*.[77]

Em *Gheranda Samhita*, virar a região abdominal para trás, dobrar a perna esquerda, colocá-la perto do joelho direito. Colocar a articulação do cotovelo direito sobre o joelho esquerdo e colocar o rosto sobre a palma da mão direita. Fixar a vista entre as sobrancelhas. Chama-se a isto a postura *Matsyendra*".[78] Este *Asana* é semelhante ao *Ardha Matsyendrasana* mencionado na literatura moderna *do Yoga*.

Este é semelhante ao *Purna Matsyendrasana* praticado no *Yoga* moderno. Uma descrição semelhante é encontrada em *Hatharatnavali*.[79] Em "*Sritatvanidhi, Matsyendrapithasana* é o nome dado a um *Asana* semelhante. Coloca-se o calcanhar esquerdo sobre o umbigo e o outro pé sobre a coxa. Envolve a mão e o braço esquerdos à volta do joelho direito e agarra os dedos do pé esquerdo. Esta é a *Matsyendrapithasana*, o trono de *Matsyendra*".

Nos textos modernos de *Yoga*-

Todas as escolas *de Yoga* modernas explicaram o *Ardha* e o *Paripurna Matsyendrasana*. Existem muitas variações destes dois. "*Swami Vyas Dev*[80] descreve *Matsyendrasana* de forma semelhante ao *Hatha Yoga Pradipika*. Neste *Asana*, começa-se por sentar na posição erecta e esticar as pernas. O calcanhar esquerdo é colocado no naval enquanto o pé fica na virilha direita. A sola direita é colocada no chão fora do joelho esquerdo. A mão esquerda é colocada fora do joelho direito e o dedo do pé direito deve ser segurado com a mão esquerda. Torcer a coluna vertebral e virar o rosto e o corpo para o lado direito. Girar a mão direita para trás e agarrar o tornozelo esquerdo". *Dhirendra Brahmachari*[81] descreve este *Asana* de forma semelhante.

"*BKS Iyengar*[82] descreve três métodos de *Ardha Matsyendrasana* e um *Paripurna Matsyendrasana*. O primeiro método de *Ardha Matsyendrasana* é semelhante ao descrito noutros textos com o mesmo nome. Neste método, dobra-se o joelho esquerdo, coloca-se o pé esquerdo debaixo das nádegas e senta-se sobre o pé esquerdo de modo a que o calcanhar esquerdo assente debaixo da nádega esquerda. Em seguida, dobrar o joelho direito e colocá-lo ao lado exterior da coxa esquerda, de modo a que o lado exterior do tornozelo direito toque o lado exterior da coxa esquerda no chão. Rodar o tronco para a direita e colocar a axila esquerda sobre o joelho direito. Esticar o braço esquerdo a partir do ombro e rodá-lo à volta do joelho direito. Dobrar o cotovelo esquerdo, deslocar o pulso esquerdo para trás da cintura e bloquear bem o joelho direito dobrado. Retirar o braço direito do ombro e dobrar o cotovelo direito, passar a mão direita para trás da cintura e segurá-la com a mão esquerda.

No segundo método, o joelho direito é dobrado e o pé direito deve ser colocado na nuca da coxa esquerda, e também o calcanhar é pressionado contra o umbigo. Ao longo deste *Asana*, deve manter-se a perna esquerda esticada a direito. Vira-se, o braço esquerdo passa do ombro para trás das costas, o cotovelo esquerdo é dobrado e o tornozelo direito/canela é agarrado com a mão esquerda. O braço direito é mantido direito enquanto se segura o dedo grande do

---

[80]Dev SV. Primeiros Passos para o Yoga Superior. Primeira edição. Yoga Niketan trust; 1970. Página 84.

[81]Brahmachari D. Ciência do Yoga (YogasanaVijnana). Primeira edição. Mumbai: Asia Publishing Casa; 1970. Página 54

[82]Iyengar BKS. Light on Yoga. edição revista. Schocken Books New York; 1979. página 259.

pé esquerdo com a mão direita. O terceiro método é semelhante ao *Purna Matsyendrasana"*, mas a mão está apoiada nas costas e não está a segurar o tornozelo da perna colocada na raiz da coxa. *Purna Matsyendrasana* é semelhante à descrição encontrada noutros textos.

Benefícios

"O Hatha Yoga Pradipika explica os benefícios do *Matsyendrasana*. Este *Asana* estimula o apetite. A sua prática desperta a *Kundalini* e a lua torna-se estável no homem. A mesma referência é encontrada no *Hatharatnavali"*.[83]

l Aumenta o apetite porque alimenta o fogo gástrico

> De acordo com "*.Dhirendra Brahmachari*[84] , *Matsyendrasana* cura a flatulência e as perturbações do fígado, do baço e do intestino. É benéfico para a diabetes mellitus. Este *Asana* permite o rápido despertar da *Kundalini Shakti"*.

> Na opinião de "*Swami Satyananda Saraswati*[85] , ajuda a curar as doenças digestivas. Para além disso, é benéfico para o funcionamento dos rins e também regula as secreções do fígado, do pâncreas e da glândula suprarrenal".

> De acordo com "*BKS Iyengar*[86] movimento lateral do *Asana* tonifica a coluna vertebral, fornecendo aos nervos espinhais um abundante suprimento de sangue". Aumenta a atividade gástrica, o que é bom para a digestão dos alimentos e a eliminação das toxinas do corpo.

> Quando se pratica *Purna Matsyendrasana,* todos os órgãos abdominais são massajados e a circulação aumenta, pelo que se revela suprema na eliminação dos venenos produzidos no processo digestivo".

"Passos a seguir

> Primeiro, deve sentar-se no chão com os joelhos estendidos e as pernas esticadas.

> De seguida, o joelho esquerdo deve ser dobrado e o calcanhar esquerdo é colocado contra o períneo.

> O joelho direito é dobrado a seguir e colocado na parte exterior da coxa esquerda, de modo a que o lado exterior do tornozelo direito toque na parte exterior da coxa esquerda no chão.

> O tronco é virado para a direita e a articulação do cotovelo esquerdo é colocada sobre o joelho direito.

> O queixo é colocado na palma da mão esquerda.

> Colocar o braço direito no chão do mesmo lado.

> Concentrar-se no centro das sobrancelhas".

Posições conjuntas

• Membro inferior esquerdo

o Tornozelo em flexão plantar

o Pé invertido

o Flexão das articulações metacarpo-falângicas e interfalângicas dos dedos dos pés

o Os joelhos devem estar em flexão e rodados para o lado lateral

o As ancas devem estar em flexão, abdução e rotação externa

• Membro inferior direito

o Tornozelo em posição normal

---

[84]Brahmachari D. Ciência do Yoga (YogasanaVijnana). Primeira edição. Mumbai: Asia Publishing Câmara; 1970

[85]Saraswati SS. Asana Pranayama Mudra Bandha. Quarta Edi. Munger: Yoga Publication Trust;2009.

[86]Iyengar BKS. Light on Yoga. edição revista. Schocken Books New York; 1979.

o   Joelhos flectidos

o   As ancas são fletidas e aduzidas.

o   Coluna vertebral erecta e rodada lateralmente

o   Coluna cervical erecta

•   Membro superior direito

o   Os ombros são aduzidos e rodados internamente

o   Cotovelo estendido

o   Pulso estendido

•   Membro superior esquerdo

o   Ombros flectidos e rodados externamente

o   Cotovelos flectidos

o   Pulso esticado.

Envolvimento respiratório-

•   Alonga a coluna vertebral e os músculos abdominais.

•   Aumenta a capacidade dos pulmões.

•   Torna os músculos respiratórios acessórios mais flexíveis

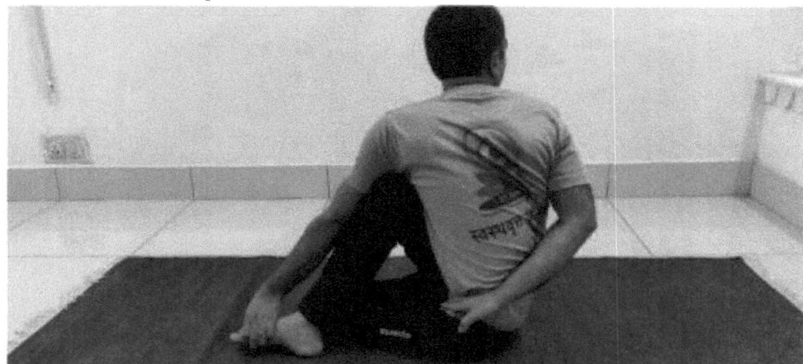

Figura.*17Matseyndrasana* Vista lateral

Figura .*18Matseyndrasana* **vista anterior**

Paschimottanasana

Paschimottanasana é conhecida como a postura de flexão para a frente. O termo *Paschimottanasana* tem as suas raízes nas palavras *sânscritas "Paschima"*, que significa "costas", *"tana"*, que significa "esticar" ou "direito", e *"Asana"*, que significa "postura". "É mencionado no *Shiva Samhita* como *Ugrasana*. *Ugra* significa formidável, poderoso ou nobre. *O Hatha Yoga Pradipika*, o *Hatharatnavali* e o *Gheranda Samhita* também explicam este *Asana*."

Em Textos Clássicos do *Yoga*

De acordo com o "*Hatha Yoga Pradipika Paschimottanasana* é explicado como esticar as pernas à frente no chão, como um pau. Dobrar-se para a frente, segurando os dedos dos pés com as duas mãos e colocando a testa sobre os joelhos, chama-se *Paschimottanasana*[87] .

Em *Gheranda Samhita*, *Paschimottanasana* é explicado como as primeiras pernas são estendidas no tapete, tal como um pau. Coloca-se a testa entre as partes da frente abaixo dos joelhos e segura-se cuidadosamente os dedos dos pés com as mãos. Chama-se a isto *Paschimottanasana*[88] ". A descrição em *Shiva Samhita*[89] e *Hatharatnavali*[90] também é quase semelhante.

Nos textos modernos do *Yoga*

De acordo com "*Swami Vishnudevananda*,[91] esticar as pernas e manter as pernas e coxas firmemente no chão. Incline-se para a frente e segure os dedos dos pés com as respectivas mãos. Colocar a cabeça sobre os joelhos, trazendo o peito para a frente. *Swami Vyas Dev*[92] *,Dhirendra Brahmachari*[93] e *Swami Satyananda Saraswati*[94] descrevem *Paschimottanasana* de forma semelhante".

BKS Iyengar[95] mencionou "*Paschimottanasana* e as suas variedades *Ardha Baddha Padma Paschimottanasana, Trianga Mukhaikapda Paschimottanasana, Parivrutta Paschimottanasana* e *Urdhwamukha Paschimottanasana*. Mencionou *Brahmacharyasana* como sinónimo de *Paschimottanasana*, para além de *Ugrasana*. A descrição que faz é semelhante à que encontramos nos textos clássicos do *Yoga*. O seu *Ardha Baddha Padma Paschimottanasana* é semelhante ao *Ardha Paschimottanasana* mencionado no *Sritatvanidhi*. No *Trianga Mukhaikapda Paschimottanasana*, depois de se sentar com as pernas esticadas, a perna direita é dobrada na articulação do joelho e o pé direito é deslocado para trás. O pé direito é colocado ao lado do corpo, no lado direito, perto da articulação da anca, os dedos devem apontar para trás, apoiados no chão. De seguida, segura-se o pé esquerdo com as palmas das duas mãos enquanto se agarra os lados da sola. Os joelhos devem estar unidos e o corpo é dobrado para a frente enquanto se expira. Tentar tocar lentamente a testa, depois o nariz, a seguir os lábios e, por fim, o queixo no joelho esquerdo".

Em "*Parivrutta Paschimottanasana"*, depois de se sentar com as pernas direitas, estender o braço direito em direção ao pé esquerdo. Torcer o antebraço direito e o pulso direito de modo a que o polegar direito aponte para o chão e o dedo mindinho direito aponte para cima. Depois, com a mão direita, segurar o lado exterior do pé esquerdo. Estenda o braço esquerdo sobre o antebraço direito e segure o lado exterior do pé direito. Agora, rodar o tronco cerca de 90 graus para a esquerda, dobrando e alargando os cotovelos, mover a cabeça entre os braços e olhar para cima". Em "*Urdhwamukha Paschimottanasana*, agarrar os dedos dos pés com as mãos, expirar e esticar as pernas no ar, endireitar os joelhos, puxar as rótulas em direção às coxas e equilibrar-se sobre as nádegas, mantendo a coluna vertebral o mais côncava possível".

Benefícios

De acordo com o "*Hatha Yoga Pradipika* este *Paschimottanasana* é o mais importante entre os *Asanas* e inverte o fluxo da respiração, transporta o ar da frente para a parte de trás do corpo, ou seja, a respiração flui através do *Sushumna*". Alimenta o *Jatragini* e também queima a gordura do ventre, alcançando assim uma boa saúde em todos os[96].

Segundo o "*Shiva Samhita, Ugrasana* ou *Paschimottanasana*, excita o *Vayu* e impede a destruição do corpo. O *Vayu* passará pelas costas, ou seja, pelo *Sushumna*". Aqueles que praticam este *Asana* diariamente adquirem todos os *Siddhi* e, por isso, com algum trabalho,

---

)
[91]Vishnudevananda S. O Livro Completo Ilustrado do Yoga. Primeira edição. Nova Iorque: Pocket books; 1972. Página 116.

[92] Dev SV. Primeiros Passos para o Yoga Superior. Primeira edição. Yoga Niketan trust; 1970. Página 79.

[93]Brahmachari D. Ciência do Yoga (YogasanaVijnana). Primeira edição. Mumbai: Asia Publishing Câmara; 1970. Página 61

[94]Saraswati SS. Asana Pranayama Mudra Bandha. Quarta Edi. Munger: Yoga Publication Trust;2009. Página 223

[95]Iyengar BKS. Light on Yoga. edição revista. Schocken Books New York; 1979. página 166
)

podem atingir *Sidhi* de *Atma* e *Vayusiddhi* é facilmente obtido, o que destrói facilmente um grupo de misérias[97] .

"BKS Iyengar[98] mencionou muitos efeitos deste *Asana*. Tonifica e massaja os órgãos abdominais e mantém-nos livres de lentidão. Também melhora o funcionamento dos rins, rejuvenesce toda a coluna vertebral e melhora a digestão. Este *Asana* aumenta a vitalidade, ajuda a curar a impotência e conduz ao controlo sexual. Por isso, este *Asana* é também conhecido como *Brahmacharyasana".*

De acordo com " *Dhirendra Brahmachari*[99] este *Asana* assegura uma melhor circulação sanguínea. Cura doenças da coluna vertebral, tornando-a resistente. Cura doenças de pele. Neste *Asana, Prana* e *Apana* unem-se e conduzem à fase de Samadhi. Reduz as excursões respiratórias e induz a longevidade. Este *Asana* alivia a artrite, a ciática, a dor de costas e a dor nos joelhos, coxas e pernas. Também induz o apetite e é saudável para o estômago".

Na opinião de *"Swami Vyas Dev*[100] , *Paschimottanasana* reduz a distensão do estômago e cura todas as doenças relacionadas. Cura a gastrite, o baço dilatado, as doenças seminais e a dispepsia. Fortalece os nervos, as articulações e os músculos das pernas. Abre a passagem do *Sushumna*, ajuda na direção ascendente do *Prana* e no despertar da *Kundalini".*

Na opinião de *"Swami Satyananda Saraswati,*[134] *Paschimottanasana* actua sobre os músculos dos isquiotibiais, aumentando assim a flexibilidade das articulações das ancas. Ajuda a tonificar todas as vísceras abdominais e pélvicas, incluindo o pâncreas, o fígado, o baço, os rins, o sistema urogenital e as glândulas supra-renais. Ajuda também a eliminar a gordura do ventre e é também conhecido por aumentar a circulação nos nervos e nos músculos das costas".

Passos a seguir

> Sentar-se no tapete de *Yoga* com as pernas completamente esticadas. Joelhos esticados

> O membro superior deve ser esticado e os dedos do pé são experimentados e agarrados com as palmas das mãos, mantendo os joelhos estendidos

> Puxar o tronco para a frente dobrando os cotovelos

> Tentar tocar com a testa nos joelhos.

> Em última análise, os cotovelos devem ser treinados para se apoiarem no tapete, enquanto o pescoço e o tronco devem ser esticados".

Acções conjuntas

• Tornozelos dorsiflexionados

• Joelhos estendidos e ancas fletidas

• Flexão da coluna vertebral, nomeadamente da coluna cervical.

• A articulação do ombro é flectida, rodada externamente e aduzida.

• Cotovelos estendidos e antebraço pronado

Envolvimento respiratório

• Melhora a flexibilidade da coluna vertebral

• Leva a um aumento da força dos músculos respiratórios

[98]Iyengar BKS. Light on Yoga. edição revista. Schocken Books New York; 1979. página 167

[99]Brahmachari D. Ciência do Yoga (YogasanaVijnana). Primeira edição. Mumbai: Asia Publishing Câmara; 1970. Página 62

101Dev SV. Primeiros Passos para o Yoga Superior. Primeira edição. Yoga Niketan trust; 1970. Página 79.

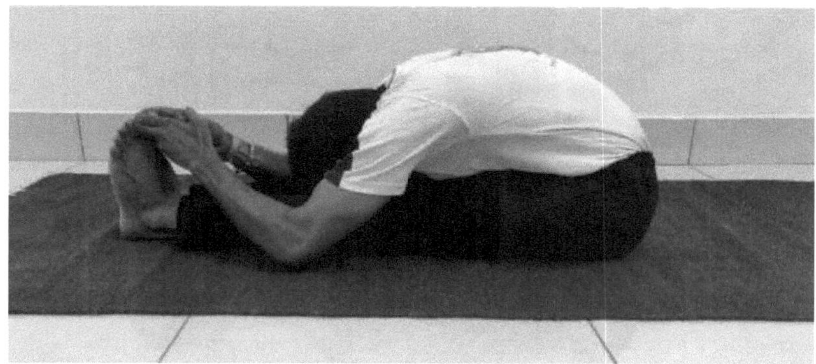

Figura .*19Paschimottanasana* Vista lateral

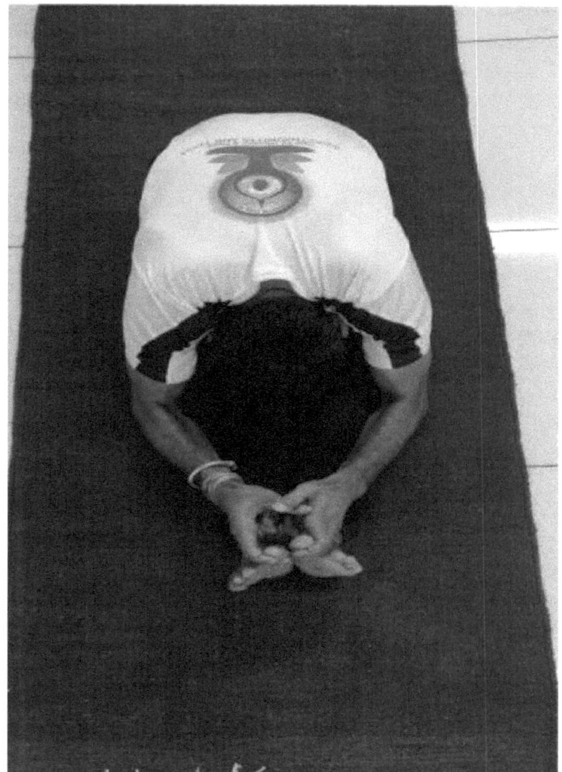

Figura .*20Paschimottanasana* Vista superior

Mayurasana

A postura chama-se *Mayurasana* porque imita o andar de um pavão com a sua pesada plumagem estendida atrás de si. "*Mayura*" significa pavão em *sânscrito*.

Nos textos clássicos de Yoga-

De acordo com o "*Hatha Yoga Pradipika,* para praticar *Mayurasana,* as palmas de ambas as

39

mãos têm de ser colocadas no chão e o umbigo assenta em ambos os cotovelos, equilibrando todo o corpo sobre eles; todo o corpo é esticado para trás, tal como um pau. Esta postura é *Mayurasana"*. [101]

No "*Gheranda Samhita"*, a descrição do *Mayurasana* é igual à do *Hatha Yoga Pradipika*. Colocar as palmas das duas mãos no chão, colocar a região umbilical sobre os dois cotovelos, apoiar-se nas mãos, com as pernas levantadas no ar e cruzadas como *Padmasana*. Chama-se a isto *Mayurasana*[102] ."

Em "*Hathratnavali"* encontra-se uma descrição semelhante, as duas palmas das mãos são colocadas no chão. Os cotovelos são colocados nos respectivos lados do umbigo e o corpo é levantado no ar como uma vara horizontal. Isto é conhecido como *Mayurapitha"*.

No texto moderno do *Yoga*

De acordo com o "*Hatha yoga Pradipika"*, para fazer o *Mayurasana* é necessário, em primeiro lugar, deitar-se em decúbito ventral e colocar ambas as mãos por baixo do estômago com os cotovelos virados para o umbigo. Depois, o corpo é levantado bem alto, mantendo-o direito e esticado como um pau. Esta é conhecida como a pose do pavão. Encontramos duas variações desta postura no referido livro.[103] .

Na segunda variação, a única diferença é que os pés são colocados juntos enquanto os joelhos são flexionados para fora através da rotação externa da anca".[104] .

Benefícios

D Digere os alimentos ingeridos em quantidade excessiva e modula o apetite

• Acredita-se que quem pratica *Mayurasana* regularmente consegue digerir até o veneno mais mortífero[105 106] .

• Diz-se que *Mayurasana* destrói todas as perturbações, especialmente as perturbações abdominais: relacionadas com irregularidades da bílis.

• Pode também ajudar a curar doenças como a *Gulma* e a febre [107].

• "O *Mayurasana* controla parcialmente o fluxo da aorta abdominal, melhorando assim o fornecimento de sangue aos órgãos digestivos. Estes órgãos são ainda mais tonificados pelo aumento da pressão intra-abdominal que o *Mayurasana* provoca. Cura a gastrite crónica, a hidropisia e as perturbações causadas pela fleuma, a bílis e o vento. O aumento do estômago, do fígado e do baço é controlado, a digestão e o funcionamento dos rins melhoram, o sangue é purificado pelo aumento da circulação; todo o corpo fica radiante e o envelhecimento é controlado e a juventude é prolongada, o que aumenta a esperança de vida[107] ."

• É mencionado que este ". *Asana* ajuda a curar todas as perturbações do estômago. Uma vez que é exercida uma pressão direta sobre o umbigo através dos cotovelos, o que comprime a aorta abdominal, o sangue é conduzido para o TGI. Massaja igualmente todas as vísceras abdominais, tonificando assim o pâncreas, o estômago, o fígado e os rins".

• "*Mayurasana* fortalece os músculos das mãos. *Mayurasana* desperta a *Kundalini* Shakti. *Mayrurasana* tem um encanto próprio. Cura a dispepsia do estômago. A lentidão do fígado ou a torpeza hepática desaparecem. Este *Asana* pode proporcionar-lhe o máximo benefício dos

---

[103]Muktibodhana Swami. Hath yoga Pradipika, yoga publication trust munger página 94

[104] Saraswati SS. Asana Pranayama Mudra Bandha. Quarta Edi. Munger: Yoga Publication Trust;2009. Página 336

[107]Kuvalayananda swami. Asanas. Kaivalyadhamapune página 78

exercícios físicos num espaço de tempo mínimo, alguns segundos diariamente[108].

• A prática deste "*Asana* alivia a indigestão e queima o excesso de alimentos não digeridos do corpo, tornando-o apto e saudável. É muito eficaz contra os aumentos crónicos e as perturbações do baço e do fígado. Os clássicos do *Yoga afirmam* que, com a ajuda deste *Asana,* até o veneno pode ser facilmente assimilado. Uma pessoa que o pratique durante 15-20 minutos seguidos torna-se imune aos efeitos venenosos das cobras e dos escorpiões, tal como o pavão. Este *Asana* é também extremamente útil para a visão defeituosa. Os doentes com miopia ou hipermetropia devem praticá-lo diariamente. As mãos e os braços tornam-se extremamente fortes e é também muito benéfico para os pulmões"[109].

A De acordo com os textos *do Hatha Yoga, Mayurasana* acelera o fogo digestivo e os adeptos que dominam esta postura são capazes de digerir qualquer coisa, incluindo os venenos mais mortais.[110] Tal como um pavão pode matar e digerir cobras sem ser afetado pelo veneno, este *Asana* permite ao praticante digerir e metabolizar as toxinas e venenos residuais no corpo."

"Passos a seguir

• Passo 1: Ajoelhar-se no tapete de ioga, os joelhos devem estar bem abertos

• Passo 2: Agora sente-se sobre os calcanhares

• Passo 3: agora é preciso inclinar-se para a frente enquanto pressiona as palmas das mãos no tapete de ioga com os dedos virados para trás. Não esquecer que as palmas das mãos devem ser colocadas entre as coxas e que os cotovelos podem ser mantidos acima do abdómen.

• Passo 4: as pernas são então movidas para trás lentamente, primeiro a perna direita e depois a esquerda, mantendo-as direitas enquanto os dedos dos pés tocam no chão

• Etapa 5: agora tensione os músculos abdominais e todo o corpo deve ser levantado enquanto o peso do corpo está inteiramente sobre as palmas das mãos. Pratique e tente manter o corpo direito na horizontal e paralelo ao chão".

Acções conjuntas

• As ancas são estendidas, aduzidas e rodadas internamente.

• Os joelhos estão estendidos.

• Os tornozelos estão em flexão plantar.

• As articulações do ombro são fletidas, aduzidas e rodadas internamente.

E Os cotovelos estão semi-flectidos.

• Os antebraços estão supinados.

• As articulações do pulso estão estendidas.

Envolvimento respiratório

• Aumento da circulação no tórax e nos órgãos abdominais

• Pressão exercida sobre os pulmões pelos órgãos abdominais

• Aumento da drenagem linfática

---

[108]Sivananda Swami Shri. Hath Yoga, A sociedade da vida divina Garhwal Página 63

[109]Brahmachari D. Ciência do Yoga (YogasanaVijnana). Primeira edição. Mumbai: Asia Publishing House; 1970. Página 62

[110] Saraswati SS. Asana Pranayama Mudra Bandha. Quarta Edi. Munger: Yoga Publication Trust;2009. Página 336

Figura.21 *Mayurasana* Vista lateral

Figura .22 *Mayurasana* Vista lateral

Shavasana

Shavasana tem uma semelhança impressionante com um cadáver morto e, por isso, tem esse nome. *"Shava"* vem do sânscrito, que literariamente significa "cadáver", enquanto *Asana* significa "postura". Esta postura do homem morto pode ser praticada antes e depois de uma sessão de posturas de *Hatha Yoga*.

Nos textos clássicos de *Yoga*-

De acordo com o *"Hatha Yoga Pradipika"*, para estar em *Shavasana* é necessário estar deitado em posição supina.

De acordo com o *Gheranda Samhita,* deitar-se em decúbito dorsal no tapete de ioga como um morto é conhecido como *Mritasana.*[111][112].

Em *Hathratnavali diz-se* que se deve abrir os membros superiores e inferiores enquanto se está relaxado em supino é *Shavasana"*[113].

No texto moderno do *Yoga*

De acordo com *"BKS Iyenger*, em *Shavasana* a pessoa precisa de copiar um cadáver. É uma prática de relaxamento em que se deve ficar deitado imóvel durante 5-10 minutos, mantendo-se consciente. Desta forma, tanto o corpo como a mente são reabastecidos. Manter a mente e o corpo imóveis é a parte mais difícil, pelo que o *Asana* mais fácil é o mais difícil de dominar".[114]

De acordo com "*Swami Vyas Dev*, deite-se em posição supina. Deve-se também inalar e respirar ar fresco até à capacidade vital dos pulmões, mantendo todo o corpo rígido como uma prancha de madeira. O corpo deve estar de tal forma que, quando levantarmos os pés, apenas o corpo inteiro permaneça ereto sobre a cabeça[115] . *Swami Kuvalyananda*[116] , *Dhirendra Brahamchari*[117] , *Shri Yogendra*[118] e *VG Rele*[119] explicam o *Shavasana"* de forma semelhante.

Benefícios

É fundamental para eliminar a fadiga e relaxar a mente.[119] [120] [120] . De acordo com "*Gheranda Samhita,* esta postura destrói a fadiga e acalma a inquietação e a ansiedade da mente[121] . Em *Hathratnavali,* diz-se que o *Shavasana* praticado em posição supina alivia toda a fadiga causada pela prática de todos os outros *Asana.*[122] O *Shavasana* é útil para reduzir a tensão arterial elevada e pode efetivamente superar o colapso nervoso ou a neurastenia".

"Passos a seguir :-

> Deite-se em posição supina no tapete de *Yoga*.

> Os braços devem ser mantidos afastados do corpo, com as palmas das mãos viradas para cima, a uma distância de cerca de meio metro.

> Os dois pés devem ser mantidos confortavelmente afastados a um metro de distância. E os olhos devem ser mantidos fechados.

> O corpo deve repousar em linha reta sem se mover".

Acções conjuntas

> Os antebraços estão supinados.

> Os joelhos são rodados lateralmente.

Envolvimento respiratório-

• A respiração diafragmática é efectuada em *Shavasana*.

• A parede abdominal anterior também se expande, o que exerce pressão sobre o diafragma, levando a uma pressão sobre a caixa torácica.

[114]Iyengar BKS. Light on Yoga. edição revista. Schocken Books New York; 1979.

[115]Dev SV. Primeiros Passos para o Yoga Superior. Primeira edição. Yoga Niketan trust; 1970.

[116]Kuvalayananda swami. Asanas. Kaivalyadhamapune página 78

[117]Brahmachari D. Ciência do Yoga (YogasanaVijnana). Primeira edição. Mumbai: Asia Publishing Câmara; 1970. Página 49

[118]Yogendra Shri, Yoga Asana Simplificado, O instituto de yoga de Mumbai

[119]Rele VG, Yoga Asana for health and vigor, D b. Taraporeyala sons & co

)

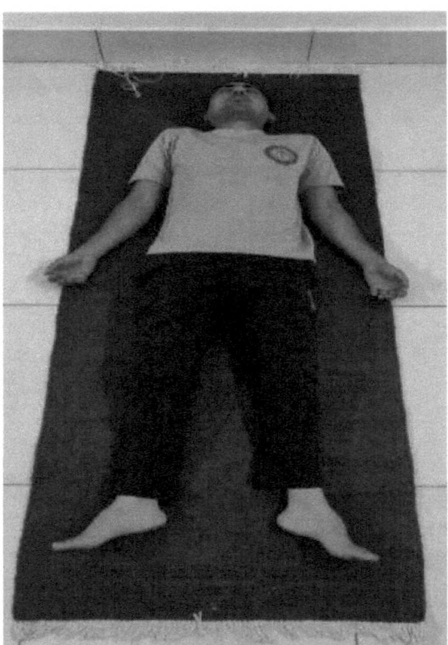

Picture.23 *Shavasana* **Superior View**

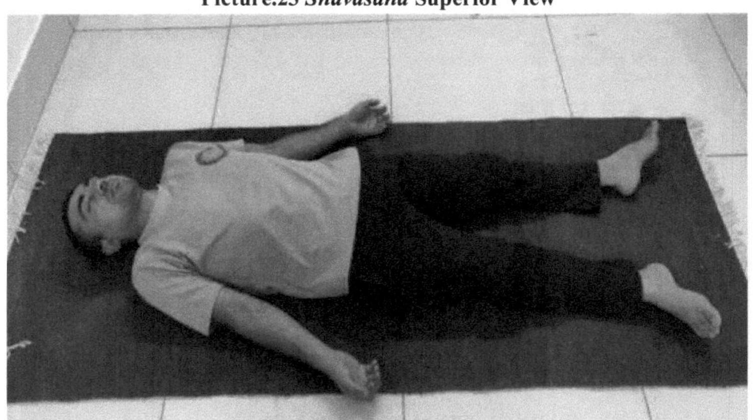

Figura.24 *Shavasana* **Vista lateral**

Siddhasana

O nome *"Siddhasana"* vem da palavra *sânscrita "Siddha"*, que significa realização, cumprimento ou conclusão, e *"Asana"* significa sentar-se ou fazer uma pose. *Siddha* também significa um ser semi-divino que possui a propriedade de grande pureza e santidade. *Siddhasana* é um *Asana* praticado principalmente para meditação".

Nos textos clássicos do *Yoga*

De acordo com o *"Hatha Yoga Pradipika"*, para estar nesta postura, o períneo deve ser pressionado firmemente com o calcanhar do pé. O outro pé deve ser mantido sobre os órgãos

44

genitais. O queixo é mantido firmemente sobre o peito. Deve-se sentar mantendo a calma enquanto se concentra o olhar no *Sthapani Marma* (Glabela). Esta postura chama-se *Siddhasana* e destina-se a abrir as portas da salvação".[123][124]

De acordo com o *"Gheranda Samhita"*, para praticar este *Asana,* o praticante deve colocar um calcanhar sobre o períneo, enquanto o outro pé é mantido no lado contra-lateral sobre a raiz dos órgãos genitais. O queixo deve ser colocado sobre o tórax, mantendo-o direito. A concentração é mantida entre as sobrancelhas. Agora, o atingido   *111 1*   1125

A postura é *Siddhasana* e acredita-se que ajuda a alcançar *Moksha*.

Encontramos uma descrição semelhante em *Hatharatnavali, Gorakshasatakam*[125][126] e em *Shiva Samhita"*.

1   -127

Siddhasana tem esse nome porque é um caminho para alcançar *Siddhi*.

Encontramos outra versão deste *Asana* em *"Hatha Yoga Pradipika,* Na variação 2nd , o calcanhar de um pé é colocado sobre o *Medhra* (mesmo acima dos genitais), e o calcanhar de 2nd sobre 1st . Esta segunda variação é chamada *Siddhasana*[127] por muitos académicos, enquanto outros lhe chamam *Vajrasana, Muktasana* ou mesmo *Guptasana"*.[128]

De acordo com o comentário *de Jyotsna,* estes 4 *Asana* são semelhantes entre si, a única diferença é a colocação do calcanhar.

1 Em *Siddhasana e Vajrasana*: a primeira roda deve ser colocada sobre o períneo e a segunda[nd] sobre os órgãos genitais.

• Em Muktasana: A primeira roda é colocada sobre o períneo, enquanto que a segunda[nd] é colocada sobre a primeira.

• *Guptasana:* 1º calcanhar sobre os órgãos genitais& 2nd calcanhar sobre o 1º".

Nos textos modernos de *Yoga*-

Muitos *Gurus de Yoga* profundos como *"Swami Kuvalayananda*[129] , *Swami Vyas Dev*[130] , *Dhirendra Brahmachari*[131] e *Swami Vishnudevananda*[132] têm a mesma opinião relativamente aos passos a seguir durante a prática de *Sidhasana*. Deve-se sentar no chão com as pernas completamente esticadas. Primeiro, a perna esquerda é dobrada sobre a articulação do joelho e o calcanhar é colocado no lado contralateral sobre o períneo. Do mesmo modo, a perna direita é dobrada e o seu calcanhar é colocado sobre os ossos púbicos, mesmo por cima do pénis. Agora, pratica-se também *Jalandhara Bandha*, colocando o queixo sobre o peito. Além disso, pratica-se *Bhrumadhya Drishti*, o que significa que o foco está entre as sobrancelhas. A coluna vertebral é mantida erecta e o *Jnana Mudra* também é executado com as mãos e os dedos.

No seu livro *BKS Iyengar*[133] diz que primeiro temos de nos sentar no tapete de *Yoga* e manter

---

[129] Kuvalayananda, S. (2012). Asana (Oitava edição). Lonavla: Kaivalyadhama S.M.Y.M Samiti. Página 41

[130] Dev, S. V. (1970). Primeiros Passos para o Yoga Superior (Primeira Edição). Yoga Niketan trust. Página 61

[131] Brahmachari, D. (1970). Ciência do Yoga (YogasanaVijnana) (Primeira edição). Mumbai: Ásia Editora. Página 11

[132] Vishnudevananda, S. (1972). O Livro Ilustrado Completo do Yoga (Primeira Edição). Nova Iorque: Livros de bolso. Página 72

[133] Iyengar, B. K. S. (1979). Light on Yoga (edição revista). Schocken Books New York. Página119

as pernas totalmente esticadas. Agora, a perna esquerda é colocada sobre o períneo e a sola da perna direita é colocada sobre a coxa direita. Depois, a perna direita é dobrada e o pé direito é colocado sobre o tornozelo esquerdo. Além disso, o calcanhar direito é mantido contra o osso púbico. A planta do pé direito é mantida entre a barriga da perna e a coxa da perna esquerda. Os braços são esticados à frente e as mãos apoiadas nos joelhos de modo a que as palmas fiquem viradas para cima. Os polegares e os indicadores devem estar unidos e todos os outros dedos devem estar estendidos. A postura deve ser mantida com o pescoço, as costas e a cabeça direitos e a visão deve ser dirigida para dentro, como se estivesse a olhar para a ponta do nariz".

Benefícios

- *Siddhasana* é considerado um dos melhores *Asana*. *"O Gheranda Samhita* não menciona a sua importância, mas sim *o Hatha Yoga Pradipika* e o *Shiva Samhita*. Como se diz no *Hatha Yoga Pradipika*, nenhum *Asana* é supremo ao *Siddhasana*[134] . Este facto realça a importância do *Sidhasana*, uma vez que é considerado o melhor entre os *Asanas* descritos. Neste *Samhita,* foi claramente mencionado que, tal como *Mitahara* é importante entre os *Yama* e *Ahimsa* entre os *Niyam*, também se diz que, de todos os *Asana, o Siddhasana* é o melhor.[135]

- *O Siddhasana* é o mais importante de todos os 84 *Asana, uma* vez que, com 72, 0000 *Nadi* podem ser limpos e as impurezas são lavadas, o que também é importante para o *Pranayama.*[136]

- Se um *Yogi* praticar *Siddhasana* durante 12 anos, juntamente com a meditação, enquanto segue *Mitahara,* ele alcançará definitivamente o *YogaSiddhi*.

- Além disso, se um *Yogi* dominar o *Siddhasana* juntamente com a prática da respiração através de

[138]

Kevala Kumbhaka, não precisa de praticar qualquer outro *Asana.*[137]

A De acordo com o *Shiva Samhita,* o conhecimento completo do *Yoga* pode ser adquirido se praticarmos *Siddhasana* regularmente. Assim, o *Siddhasana* pode ser executado por *Pavanabhyasi.*[138] [139] Moksha pode ser alcançado, em última análise, através da prática deste *Asana.* [140]

- De acordo com *BKS Iyengar*[140] , a higiene púbica pode ser mantida através desta postura. Também proporciona o relaxamento do corpo, mantém a mente atenta e alerta; por isso, também é praticada para meditação e como *Pranayama.*

- Liberta a rigidez dos tornozelos e dos joelhos. Melhora a circulação sanguínea na lombar e no abdómen, tonificando assim a coluna vertebral inferior e também as vísceras abdominais.

- Na opinião de *Swami Vyas Dev*[141] , a contração do períneo e o movimento ascendente do *Prana* e do sémen podem ser alcançados. Além disso, diz-se que abre a passagem de *Sushumna*, estabiliza *Prana, Indriya* e *Mana"*.

---

[140] Iyengar, B. K. S. (1979). Light on Yoga (edição revista). Schocken Books, Nova Iorque. Página 120

[141] Dev, S. V. (1970). Primeiros Passos para o Yoga Superior (Primeira Edição). Yoga Niketan trust. Página 61

Técnica de *Siddhasana-*
- i. sentar-se no tapete de ioga com as pernas próximas uma da outra [5]
- . um calcanhar é agora trazido para o lado oposto sobre o períneo mantendo a sola do pé plana na parte interna da coxa. os joelhos devem tocar o chão. ■-

- . colocar o tornozelo oposto sobre o primeiro

Os ossos do tornozelo tocam-se e os calcanhares estão acima um do outro, com o calcanhar superior a pressionar o púbis diretamente acima dos órgãos genitais.

Os órgãos genitais ficam então entre os dois calcanhares

- . Os dedos e o bordo exterior do pé de cima são empurrados para baixo, para o espaço entre os músculos da barriga da perna e da coxa. Os dedos do pé de baixo são puxados para cima para o mesmo espaço no lado oposto. Mantenha a sua coluna erecta durante o processo.

i '

Durante a execução, o queixo deve ser pressionado contra o peito. A concentração deve estar entre as duas sobrancelhas e também é necessário praticar *o gesto de Jnana*.

Acções conjuntas
- Os tornozelos devem estar em flexão plantar.
- Pés: inversão.
- Joelhos: flexão& perna: rotação lateral.
- Ancas: flexão, abdução e rotação externa.
- A coluna vertebral deve estar erecta: parte lombar e torácica.
- Parte cervical da coluna vertebral: flexão
- Ombros: flexão e rotação externa
- Cotovelos: extensão
- Antebraço: supinação

Movimentos respiratórios
- Conduz a um estado completo de repouso profundo e meditativo
- Normaliza o padrão respiratório, diminuindo a tensão arterial e a ansiedade.
- Ajuda no rejuvenescimento dos tecidos e melhora a oxigenação dos pulmões.
- Aumenta a capacidade pulmonar e a flexibilidade dos pulmões.

Figura 25 *Siddhasana* **Vista anterior**

Figura.26 *Siddhasana* **Vista lateral**

Simhasana

O significado literal da palavra *Simhasana* deriva de duas palavras *sânscritas "Simha"*, que significa "Leão", e *Asana, que significa* "postura". Traduz-se como a pose do leão, uma vez que o *Yogi* imita o leão com os maxilares bem abertos e a língua totalmente esticada.

Nos textos clássicos de *Yoga-*

De acordo com o *"Hatha Yoga Pradipika,* os tornozelos devem ser colocados sob o escroto de cada lado do *Sivani,* ambos os tornozelos nos lados opostos, mantendo as mãos nos joelhos e os dedos devem estar abertos. Abrir a boca e projetar a língua para a ponta do nariz".[142]

No *"Gheranda Samhita"*, os tornozelos são colocados por baixo do escroto, de modo a que ambos os tornozelos fiquem agora sobre o lado oposto. Os joelhos são completamente flectidos e colocados no chão e as palmas das mãos devem relaxar sobre as coxas. A cavidade bucal deve estar bem aberta e a língua deve estar saliente. Praticando *o Jalandhara Mudra,* deve concentrar-se na ponta do nariz. A postura agora formada é a *Simhasana,* que se acredita ser a cura de todos os distúrbios".[143]

Referências semelhantes são encontradas em *"Yoga Yanjavalkya, Vashishta Samhita*[144] [145] e *Hatharatnavali.*[146] Em *Sritatvanidhi Simhasana* é descrito da seguinte forma. O tornozelo esquerdo é colocado no lado direito do períneo e o tornozelo direito no lado esquerdo. As mãos são colocadas sobre os joelhos do mesmo lado com os dedos estendidos. Além disso, a concentração da visão é mantida sobre a ponta do nariz, com a cavidade bucal bem aberta e a língua projectada para fora. Esta posição é conhecida como *Simhasana"*.

Nos textos modernos do *Yoga*

De acordo com "*Dhirendra Brahmachari,*[146] agachar-se no chão sobre os dedos dos pés e manter os calcanhares juntos sob o ânus. As mãos do mesmo lado devem ser colocadas sobre os joelhos ou sobre a coxa. O queixo deve estar em *Jalandhara bandha* 148 e os olhos devem estar focados entre as sobrancelhas. *Swami Satyananda Saraswati*[147] menciona uma versão diferente de *Simhasana*. Nesta versão, primeiro a pessoa senta-se em *Vajrasana* mantendo os joelhos afastados enquanto os dedos de ambos os pés permanecem em contacto. Agora, a pessoa deve inclinar-se para a frente, colocando as mãos no tapete de *Yoga* entre os dois joelhos. Os braços devem ser mantidos totalmente esticados, e todo o corpo repousa sobre eles com as costas arqueadas. Inclina-se a cabeça para trás e fecham-se os olhos, concentrando-se o olhar interior na glabela. Também se deve efetuar o *Shambhavi Mudra*. A boca deve ser mantida fechada. A abertura da boca e a extensão da língua são adicionadas noutro *Asana* chamado *Simhagarjasana*.

BKS Iyengar[148] menciona duas variações de *Simhasana*.

I No primeiro,

1. Com sentar-se no chão com as pernas esticadas
2. O joelho direito é fletido e o pé direito é colocado por baixo da nádega esquerda.
3. Do mesmo modo, o joelho esquerdo é fletido e o pé esquerdo é colocado por baixo da nádega direita.
4. O tornozelo esquerdo é agora mantido por baixo do tornozelo direito.
5. Agora, deve sentar-se sobre os calcanhares e os dedos dos pés devem apontar para trás, colocando o peso do corpo sobre as coxas e os joelhos.
6. Agora, o tronco é esticado para a frente, mantendo as costas erectas.
7. Ambas as palmas das mãos são colocadas sobre a coxa do mesmo lado.
8. Os braços são esticados e mantidos rígidos. Os dedos devem estar abertos e pressionados contra os joelhos.
9. Agora, é preciso abrir bem os maxilares, esticando a língua para fora do queixo o mais que se puder.

Enquanto no segundo método, deve-se optar por *Padmasana*, os braços são estendidos à frente colocando as palmas das mãos no chão. Apoiar-se sobre os joelhos e apoiar o peso apenas nas palmas das mãos e nos joelhos. Esticar as costas e abrir a boca, esticando a língua para fora em direção ao queixo, tanto quanto possível".

Benefícios

De acordo com o "*Hatha Yoga Pradipika*[149] e *Hatharatnavali*[150] , *Simhasana* é adorado pelos *Yogis* proeminentes e é um excelente *Asana* que facilita a adoção de todos os três *Bandha*.

Na opinião de *Dhirendra Brahmachari*, a castidade ou o celibato podem ser facilmente alcançados através deste *Asana*. Alivia as doenças da cavidade oral, dos dentes, da língua, da mandíbula e da garganta. Gera destemor, torna a voz clara e melhora a visão. Traz poder, virilidade, auto-controlo e disciplina. Os três *Bandha* são aplicados automaticamente em *Simhasana*, ou seja, *Mula, Uddiyana* e *Jalandhara bandha*. De acordo com *Swami*

---

[146] Brahmachari D. Ciência do Yoga (YogasanaVijnana). Primeira edição. Mumbai: Asia Publishing House; 1970. Página 36

[147] Saraswati SS. Asana Pranayama Mudra Bandha. Quarta Edi. Munger: Yoga Publication Trust;2009. Página114.

[148] Iyengar BKS. Light on Yoga. edição revista. Schocken Books New York; 1979. página 135

Satyananda Saraswati, *Simhagarjasana* é excelente para a garganta, o nariz, os ouvidos, os olhos e a boca. Alivia a frustração e a tensão emocional. É útil para aqueles que gaguejam, que são nervosos e introvertidos. Desenvolve uma voz forte e bonita.

Na opinião de *BKS Iyengar,* a primeira versão de *Simhasana* cura o mau hálito e limpa a língua. Torna o discurso mais claro e é por isso recomendada a pessoas que gaguejam. Também ajuda a pessoa a dominar os três *Bandha.* A segunda técnica também elimina o mau hálito, a língua fica mais limpa e as palavras são enunciadas com clareza. Exercita o fígado e controla o fluxo da bílis. Também alivia as dores no cóccix".

Técnica de *Simhasana-*

10. Passo 1: colocar o pé esquerdo por baixo do glúteo direito, de modo a que o calcanhar pressione o lado direito do períneo

11. Etapa 2: da mesma forma, o pé direito é deslocado de modo a pressionar o períneo esquerdo.

12. Passo 3: as palmas das mãos são colocadas sobre os joelhos e os dedos estão bem abertos.

13. Passo 4: praticar *Jalandhara Bandha* enquanto se concentra na ponta do nariz (*Nasikagra Drishti*).

14. Passo 5: manter a boca bem aberta e estender a língua o mais possível.

Posições conjuntas

15. Tornozelos em flexão plantar.

16. Joelhos flectidos

17. As ancas estão fletidas e abduzidas

18. Coluna lombar e torácica erecta

19. Flexão da coluna cervical

20. Ombro rodado internamente e aduzido

21. Cotovelo estendido

Movimentos respiratórios

22. Estimula o trato respiratório superior e a garganta.

23. Relaxamento dos músculos do pescoço, como o músculo esternocleidomastoideu.

24. Aumenta a respiração profunda nos pulmões

Figura .27 _Simhasana_ Vista anterior

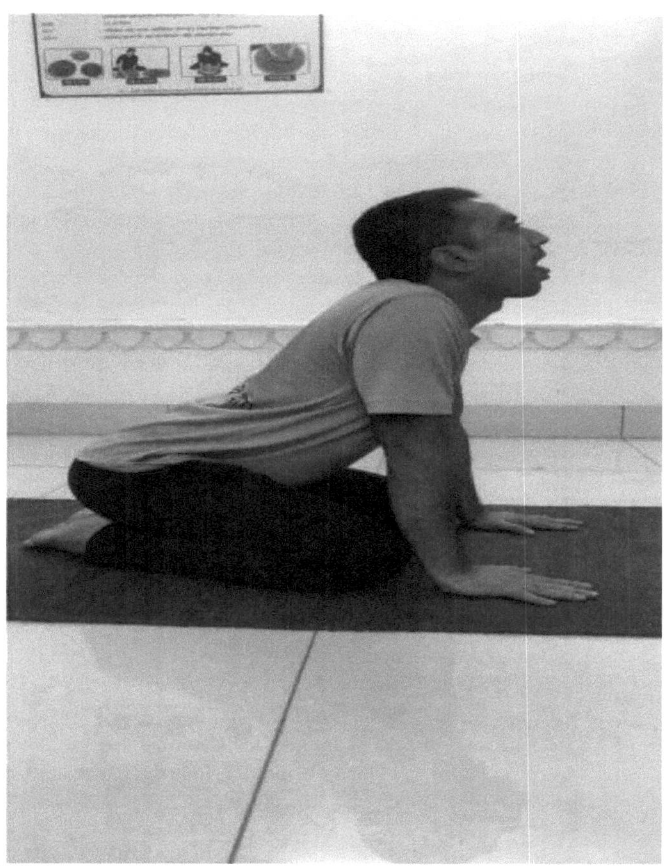

Figura .28 *Simhasana* Vista lateral

3 REVISÃO MODERNA

A fisioterapia cardiovascular e a fisioterapia pulmonar são os domínios mais multilaterais que são amplamente utilizados na assistência à cura de doenças pulmonares e cardiovasculares. Estes dois ramos não são apenas importantes como sistemas cardiovascular e pulmonar, mas são basicamente os sistemas mais vitais para a sobrevivência e também interagem com todos os outros sistemas do corpo e estão muito bem interligados entre si. O principal objetivo da fisioterapia cardiovascular e pulmonar é evitar qualquer tipo de bloqueio e acumulação de secreções que impeçam a inspiração/expiração normal e o transporte de oxigénio para os pulmões. Isto leva a uma melhor ventilação das vias respiratórias, a um reflexo de tosse eficaz e a uma melhor drenagem das secreções dos segmentos. Provoca o fortalecimento dos pulmões, aumenta o poder de tolerância ao esforço, ajuda a melhorar os defeitos posturais que ocorrem devido a doenças pulmonares ou extra-pulmonares e melhora a flexibilidade do tórax. O principal objetivo desta dissertação é estudar várias posições e intervenções manuais, particularmente intervenções de exercício, nas quais ocorre uma alteração tridimensional da caixa torácica. Para estudar o que foi referido, primeiro temos de conhecer os fundamentos da Drenagem Bronco-pulmonar e da Anatomia dos Pulmões e dos segmentos Bronco-pulmonares associados. **Drenagem Postural (Drenagem dos segmentos bronco-pulmonares)**

A "drenagem postural" (drenagem dos segmentos bronco-pulmonares) é uma técnica de intervenção para a desobstrução das vias aéreas e destina-se basicamente a mobilizar as secreções de um ou mais segmentos para as vias aéreas centrais, colocando o doente em posições específicas designadas, de modo a que a força gravitacional actue e ajude na drenagem segmentar dos pulmões. As secreções são movidas em direção às vias aéreas maiores e, em resposta ao mecanismo reflexo, são eliminadas pela tosse no modo de fisiologia normal. Se este processo físico for dificultado, a aspiração endo-traqueal é útil para drenar as secreções. A percussão, a agitação, a vibração e a tosse voluntária são algumas técnicas também úteis para a drenagem postural.

Objectivos da drenagem postural[149]

A)	Prevenir a acumulação de secreções pulmonares e cardiovasculares em doentes que sofrem das seguintes doenças

•	Doentes com doença pulmonar acompanhada de aumento das secreções de muco, como na Bronquite Crónica e na Fibrose Quística.

•	Doentes em repouso prolongado no leito .

•	Pacientes que estão sob anestesia ou têm incisões cirúrgicas dolorosas que criam problemas de respiração profunda e tosse.

B)	Ajuda a eliminar o excesso de secreções dos pulmões em

•	Doentes com doença pulmonar aguda ou crónica, ou seja, doentes com pneumonia, atelectasia, infeção pulmonar aguda e DPOC.

•	Pacientes neuroesténicos, debilitados e idosos.

•	Doentes com sistema de vias aéreas artificiais, como ventiladores, etc.".

Contradições para a drenagem postural

"A drenagem bronco-pulmonar deve ser excluída em doentes com as seguintes situações-

A)	Casos graves de hemoptise

---

[149] . *Kisner, Carolyn; Colby, Lynn Allen Colby (2007). Therapeutic Exercise (Exercício Terapêutico). F A Davis Company. Quarta edição, Jaypee Publication ISBN 81-8061-136-1. Página nº 761*

B) Doenças agudas não tratadas, tais como
* Derrame pleural maciço
* Caso de Embolia Pulmonar
* Pneumotórax
* Edema pulmonar
* Insuficiência cardíaca congestiva (ICC)
C) Cirurgia neurológica ou da cabeça recente -
- O posicionamento com a cabeça para baixo aumenta a pressão intracraniana em alguns doentes, como no pós-operatório ou em doentes hipertensos. Se ainda for necessário, podem ser utilizadas posições modificadas nestes doentes, mas também com todas as precauções.
D) Instabilidade Cardiovascular -
* Enfarte do miocárdio
* Arritmia cardíaca
* Hipertensão ou hipotensão
* Angina instável "[150]

Técnicas manuais utilizadas durante a terapia de drenagem postural

A "drenagem postural" ou "drenagem dos segmentos bronco-pulmonares" é um processo através do qual as secreções dos segmentos são mobilizadas para as vias aéreas centrais, de onde podem ser drenadas por influência da gravidade. Para a eficácia deste procedimento, são utilizadas várias técnicas para aumentar a drenagem das secreções dos alvéolos pulmonares. Inclui o processo de percussão, vibração, abanação e, na última costela, a elevação.

Percussão[151]

A percussão é efectuada com as mãos em concha, colocando-as sobre o segmento pulmonar a drenar. Aumenta a mobilização das secreções, deslocando mecanicamente o muco aderente dos pulmões.

Processo

Nesta terapia, o paciente é convidado a deitar-se numa posição aconselhada pelo terapeuta que, com as mãos em concha, bate alternadamente na parede torácica do paciente de forma rítmica. O terapeuta deve tentar manter os cotovelos, os pulsos e os ombros soltos durante esta terapia. Este processo é continuado durante vários minutos ou até o doente precisar de mudar de posição para tossir ou por qualquer outro motivo. Não deve ser doloroso para a pessoa. Este processo deve ser evitado nas proeminências ósseas e no tecido mamário, no caso das mulheres. Em alguns casos, a percussão mecânica é utilizada em vez da percussão manual[152].

Contra-indicações

Esta terapia deve ser evitada nas seguintes condições
* Em caso de embolia pulmonar
* Sobre a parte fracturada
* Osso osteoporótico
* Sobre a área do tumor

[150] *Kisner, Carolyn; Colby, Lynn Allen Colby (2007). Therapeutic Exercise (Exercício Terapêutico). F A Davis Company. Quarta Edição, Jaypee PublicationISBN 81-8061-136-1.Page no.761*
[151] *Kisner, Carolyn; Colby, Lynn Allen Colby (2007). Therapeutic Exercise (Exercício Terapêutico). F A Davis Company. Quarta Edição, Jaypee PublicationISBN 81-8061-136-1.Page no.761*
[152] *Kisner, Carolyn; Colby, Lynn Allen Colby (2007). Therapeutic Exercise (Exercício Terapêutico). F A Davis Company. Quarta Edição, Jaypee PublicationISBN 81-8061-136-1.Page no.761*

- Fusão espinal
- Doentes em terapia anticoagulante ou na presença de uma contagem baixa de plaquetas, em que as probabilidades de hemorragia são maiores.
- Doente com angina instável
- Doente com dor na parede torácica, como em cirurgia torácica ou traumatismo, etc.".

Vibração[153]

A vibração é uma "técnica que é utilizada juntamente com a percussão para a terapia de drenagem broncopulmonar. O terapeuta aplica-a colocando ambas as mãos diretamente sobre a pele da parede torácica e comprimindo suavemente e vibrando rapidamente a parede torácica quando o doente está a expirar. Isto é aplicado durante a expiração, quando o doente já está a respirar profundamente, para mobilizar as secreções das vias aéreas mais pequenas para as vias aéreas maiores e a pressão é aplicada na direção do movimento do tórax. Os terapeutas aplicam a vibração contraindo os músculos das extremidades superiores, desde o ombro até às mãos, de forma rítmica.

Agitação

Trata-se de uma forma robusta de vibração em que, durante a expiração, o terapeuta envolve os dedos e as mãos na parede torácica do doente, com os polegares das mãos juntos. A parede torácica é então comprimida de forma rítmica juntamente com a batida da parede torácica[154].
"

Posições de drenagem postural

Cada segmento do lóbulo dos pulmões é drenado utilizando as diferentes posições alcançadas pelo doente e as posições para esta drenagem são designadas de acordo com a anatomia dos pulmões e da árvore traqueobrônquica. Estas posições são as seguintes: **"Posições diferentes para a drenagem bronco-pulmonar[7]**

Posição 1

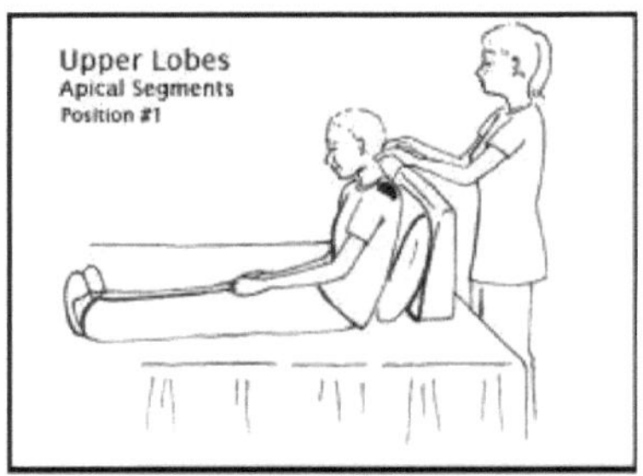

Imagem. 29

Nesta posição, pede-se ao doente que se sente numa posição confortável, encostado a uma almofada. Em seguida, o terapeuta efectua uma terapia de percussão e vibração ao longo da clavícula e do vértice da omoplata, de ambos os lados. Pede-se ao doente que respire fundo

---

[153] *Kisner, Carolyn; Colby, Lynn Allen Colby (2007). Therapeutic Exercise (Exercício Terapêutico). F A Davis Company. Quarta edição, Jaypee Publication ISBN 81-8061-136-1. Página nº 762*
[154] *Kisner, Carolyn; Colby, Lynn Allen Colby (2007). Therapeutic Exercise (Exercício Terapêutico). F A Davis Company. Quarta edição, Jaypee Publication ISBN 81-8061-136-1. Página nº 762*

durante a terapia. Isto ajuda a drenar as secreções dos segmentos apicais dos pulmões. Esta manobra é efectuada durante três a cinco minutos.

Posição 2

Imagem 30

Nesta posição, pede-se ao doente que se sente e que se incline sobre a almofada. Em seguida, o terapeuta efectua uma percussão e uma vibração com as duas mãos sobre a parte superior das costas, de ambos os lados, para drenar o muco dos segmentos posteriores dos lobos superiores.

Posição 3

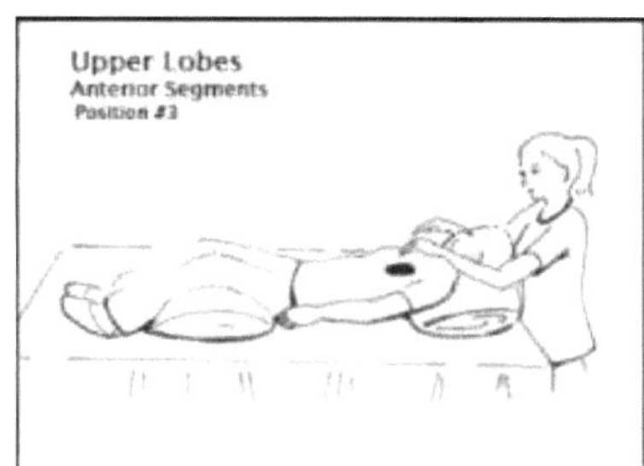

Imagem 31

Neste caso, pede-se à pessoa que se deite na cama com uma almofada debaixo da cabeça e das articulações dos joelhos. O terapeuta efectua então uma percussão e uma vibração entre a clavícula e a zona do mamilo. Isto ajudará a drenar o muco dos segmentos anteriores dos lóbulos superiores.

Posição 4

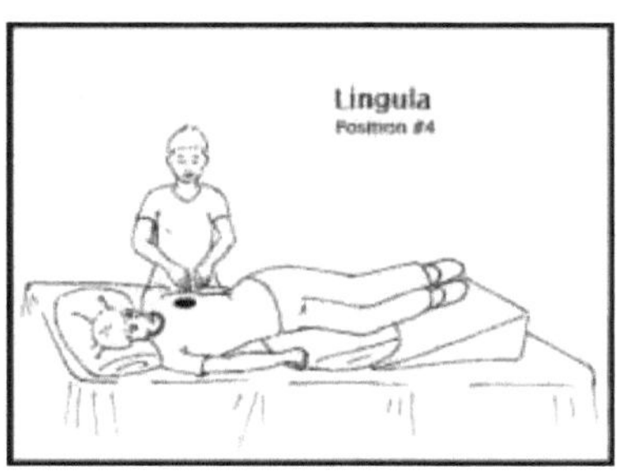

Imagem.32

Pede-se à pessoa que se deite sobre o lado direito, com as ancas e as pernas apoiadas em almofadas e o rosto virado para o pé da cama. Pede-se então ao doente para rodar um quarto do corpo, com os joelhos ligeiramente fletidos e coloca-se uma almofada atrás da pessoa.
A percussão e a vibração são aplicadas na zona exterior do mamilo. Isto ajuda na drenagem da zona lingular.

Posição 5

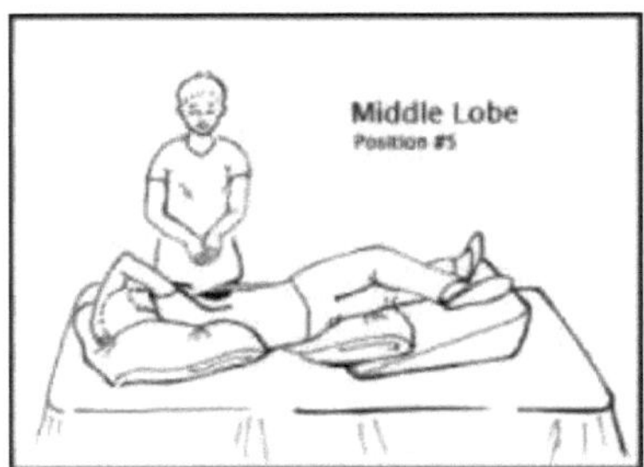

Imagem. 33

Neste caso, pede-se ao doente que dê um quarto de volta ao corpo com a face para baixo e virado para o lado esquerdo, com o braço direito acima da cabeça. Pode ser colocada uma almofada nas costas e entre as pernas ligeiramente dobradas, devendo também as pernas e as ancas estar ligeiramente elevadas. Em seguida, o terapeuta efectua a percussão e a vibração fora da zona do mamilo direito.

Posição 6

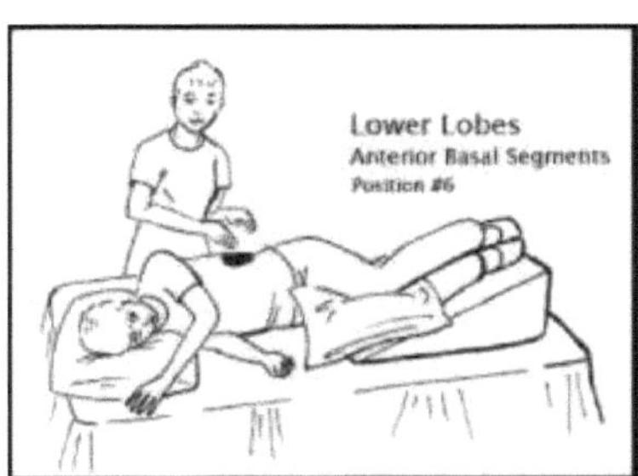

Imagem. 34

Para atingir esta posição, pede-se a uma pessoa que se deite sobre o lado direito, com o rosto virado para o pé da cama e uma almofada atrás das costas. As ancas e as pernas devem ser elevadas o mais alto possível e os joelhos devem ser ligeiramente dobrados com uma almofada colocada entre eles. A percussão e a vibração são aplicadas sobre as costelas inferiores do lado esquerdo,
O mesmo se repete no lado direito, de modo a drenar o muco dos segmentos basais anteriores dos lobos inferiores.

Posição 7

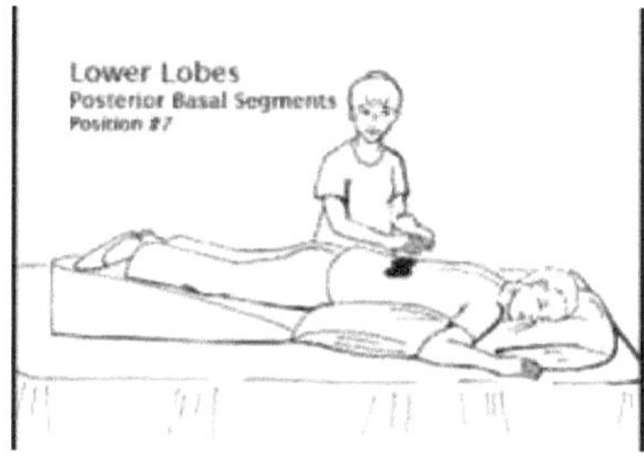

Imagem. 35

Pede-se ao doente que se deite em decúbito ventral com uma almofada debaixo da barriga e da cabeça. A percussão e a vibração são aplicadas na região inferior das costas, nos lados esquerdo e direito da coluna vertebral, excluindo as costelas e a zona da coluna vertebral.

Posição 8 e 9

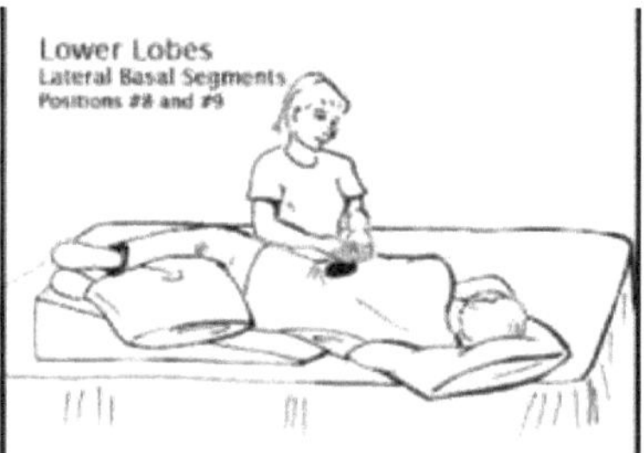

Imagem. 36

Pede-se à pessoa que se vire para o lado direito com um quarto de volta, com as ancas e as pernas elevadas sobre almofadas. A parte superior da perna pode ser flectida sobre uma almofada para apoio e conforto. Em seguida, o terapeuta efectua uma percussão e uma vibração na parte superior da parte inferior das costelas esquerdas e repete o mesmo procedimento no lado direito.

Posição 10

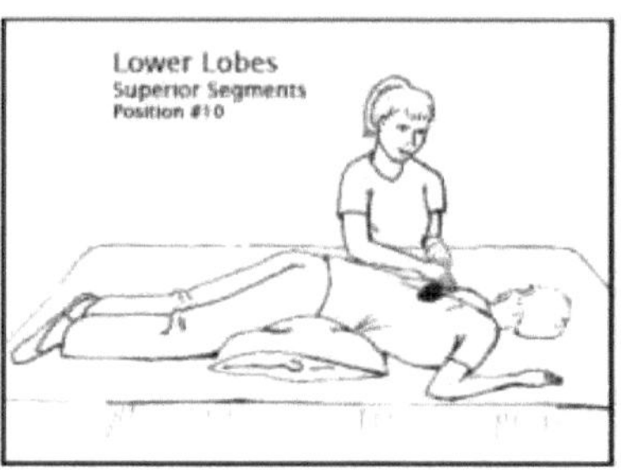

Imagem. 37

Neste caso, pede-se ao doente que se deite na cama em posição de decúbito ventral. Colocam-se almofadas debaixo das ancas e, em seguida, aplica-se percussão e vibração nos lados esquerdo e direito, abaixo da omoplata, excluindo a coluna vertebral. Isto ajudará a drenar o muco dos segmentos superiores dos lóbulos inferiores".

Figura. 38 - Posições para a drenagem postural[155]

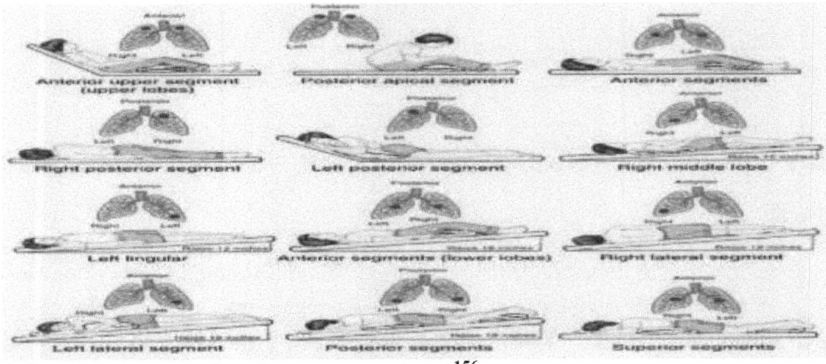

Directrizes para conseguir a drenagem postural[156]

"Considerações gerais

Tempo - Ao efetuar a drenagem postural de um doente, devem ser considerados os seguintes aspectos

• Antes desta terapia, para humidificar e liquefazer as secreções, é administrada ao doente uma inalação de vapor que ajuda a soltar o muco.

• As secreções brônquicas são sempre elevadas durante a noite, pelo que o doente é aconselhado a fazer esta terapia de manhã.

• Os terapeutas são aconselhados a não administrar esta terapia após as refeições.

Frequência do tratamento[157]

A frequência desta terapia depende do estado da doença, bem como da natureza da viscosidade das secreções. Se as secreções forem mais abundantes, como acontece em algumas condições patológicas, pode ser administrada duas a três vezes por dia.

Preparação do doente[158]

• Pede-se ao doente que vista roupa larga.

• Providenciar uma caixa para recolha de expetoração e alguns toalhetes desinfectantes.

• As almofadas e os travesseiros devem ser dispostos de acordo com as necessidades.

• O paciente é explicado sobre o tratamento que lhe vai ser ministrado e é-lhe pedido que respire fundo.

• Para uma aspiração correcta do muco, deve ser instalada uma máquina de aspiração mecânica antes da terapia.

• Devem ser disponibilizados cateteres, máquinas de ECG e luvas.

Sequência de tratamento[159]

• O doente deve sentir-se confortável enquanto está na posição para a drenagem.

---

[155] Posições de drenagem postural para CPT-min.webp

[156] *Kisner, Carolyn; Colby, Lynn Allen Colby (2007). Therapeutic Exercise (Exercício Terapêutico). F A Davis Company. Quarta edição, Jaypee PublicationISBN 81-8061-136-1.Page no.762*

[157] *Kisner, Carolyn; Colby, Lynn Allen Colby (2007). Therapeutic Exercise (Exercício Terapêutico). F A Davis Company. Quarta edição, Jaypee Publication ISBN 81-8061-136-1. Página nº 765*

[158] *Kisner, Carolyn; Colby, Lynn Allen Colby (2007). Therapeutic Exercise (Exercício Terapêutico). F A Davis Company. Quarta edição, Jaypee Publication ISBN81-8061-136-1.Page no.765*

[159] *Kisner, Carolyn; Colby, Lynn Allen Colby (2007). Therapeutic Exercise (Exercício Terapêutico). F A Davis Company. Quarta edição, Jaypee PublicationISBN 81-8061-136-1.Page no.765*

- Os sons do tórax e os sinais vitais devem ser verificados com antecedência.
- Tomar nota da cor do rosto do doente.
- Pede-se ao doente que permaneça na posição durante cinco a dez minutos.
- Pede-se ao doente que respire profundamente e que esteja confortável enquanto respira.
- Em alguns doentes, só é necessário drenar um único segmento, ao passo que, em algumas patologias, é necessário drenar todos os lóbulos, pelo que o doente tem de adquirir todas as posições conforme necessário.
- A terapia é aplicada de acordo com o posicionamento necessário.
- O tratamento não deve exceder 45 a 60 minutos em todas as posições.

Culminar o tratamento[160]

- Educar o doente para repousar durante um curto período de tempo após o tratamento.
- Anotar o tipo, a cor, a consistência e a quantidade de secreções produzidas Educar o doente para o facto de que, mesmo que a tosse não tenha sido produtiva durante o tratamento, pode voltar a sê-lo após um curto período de tempo.
- Avaliar a eficácia do tratamento através da reavaliação dos sons torácicos.
- Os sinais vitais do doente devem ser verificados após o tratamento.

Critérios para terminar o procedimento de drenagem postural

- O doente não tem febre há 24-48 horas
- A radiografia do tórax é nítida e não se observa qualquer opacidade.

Drenagem Postural Modificada[161]

Existem algumas condições em que o doente não será capaz de tolerar a terapêutica, nomeadamente

- Em Insuficiência cardíaca congestiva
- A posição de cabeça para baixo aumenta a pressão intracraniana em doentes submetidos a neurocirurgia no passado, pelo que deve ser evitada.
- Os doentes submetidos a cirurgia torácica podem não ser capazes de ficar nas posições acima mencionadas".

Nas circunstâncias acima e em casos semelhantes, o posicionamento para a drenagem postural deve ser modificado. As posições necessárias para a drenagem podem ser modificadas depois de se observar o historial médico e cirúrgico do doente ou as suas doenças. Esta modificação do posicionamento, apesar de não ser ideal, é melhor do que não o fazer de todo.

ANATOMIA DOS PULMÕES[162]

"Os pulmões são os principais órgãos da respiração. Transportam o oxigénio do ar até ao nível dos alvéolos, onde ocorre a oxigenação do sangue. Estão situados na cavidade torácica e são em número de dois, de natureza esponjosa e elástica. O mediastino separa os pulmões uns dos outros. Cada pulmão tem as seguintes características

- **Ápice** - Extremidade superior do pulmão e é coberto pela pleura cervical.
- **Base** - Superfície inferior que repousa sobre o diafragma.
- **Lóbulos** - O pulmão direito tem três lóbulos e o esquerdo tem dois lóbulos.
- **Fronteiras** - Três fronteiras - Anterior, Inferior e Posterior".

[160] *Kisner, Carolyn; Colby, Lynn Allen Colby (2007). Therapeutic Exercise (Exercício Terapêutico). F A Davis Company. Quarta edição, Jaypee Publication ISBN 81-8061-136-1. Página nº 765*
[161] *Kisner, Carolyn; Colby, Lynn Allen Colby (2007). Therapeutic Exercise (Exercício Terapêutico). F A Davis Company. Quarta edição*
Edição, Jaypee Publication ISBN 81-8061-136-1. Página n.º 765
[162] *Moore l. Keith, Dalley F Arthur, Agur M.R. Anne*, Clinical Oriented Anatomy, South Asian Edition, Wolters Kluwer (India) Publication, ISBN-978-93-87963-68-9,2018.Page no.331.

- **Superfícies** - Três superfícies - "Costal, Mediastinal e Diafragmática". "O pulmão direito tem duas fissuras que o dividem em três lobos
- Superior
- Médio e
- Inferior.

O pulmão direito é mais pesado, mas mais curto e mais largo devido à projeção da cúpula direita do diafragma para cima. O bordo anterior é mais reto no pulmão direito do que no pulmão esquerdo, que tem um entalhe cardíaco profundo que ajusta o coração e o pericárdio, razão pela qual o ápice do coração é desviado mais para o lado esquerdo".

LOBES

Os pulmões são divididos em lóbulos pelas fissuras. O pulmão direito tem **três lobos**: superior, médio e inferior, divididos por fissuras oblíquas e horizontais. O pulmão esquerdo tem **dois lobos,** superior e inferior, divididos por uma fissura horizontal.

Margem inferior[163]

A base côncava encontra a superfície costal do pulmão na margem inferior, que é muito nítida. "A margem inferior estende-se desde o recesso costo-diafragmático da pleura, mas não toca o limite inferior do recesso, exceto na inspiração profunda. A margem inferior é romba medialmente e começa num ponto lateral à articulação xifo-esternal até à oitava costela na linha axilar média e, no lado posterior, estende-se até à décima coluna vertebral torácica na coluna vertebral.

Margem anterior[164]

A margem anterior do pulmão estende-se até ao recesso costo-mediastinal da pleura e passa posteriormente à articulação esterno-clavicular, onde desce do ápice do pulmão até ao meio do ângulo esternal. No pulmão direito, a margem anterior desce até encontrar a margem inferior na articulação xifo-esternal. No lado esquerdo, a margem anterior é profundamente entalhada posteriormente à quinta cartilagem costal esquerda pela protuberância ou entalhe do pericárdio, que é conhecido como entalhe cardíaco. A parte do pulmão que se expande medialmente abaixo da incisura cardíaca é conhecida como língula.

Fronteira posterior[165]

O bordo posterior espesso e arredondado de cada pulmão insere-se na calha paravertebral profunda.

Superfície medial

A superfície medial do pulmão é a parte mais posterior e está em contacto com a coluna vertebral, conhecida como parte vertebral, e a parte mediastinal anterior está em contacto direto com o coração e outras estruturas mediastinais. O hilo é uma área na superfície do mediastino a partir da qual todas as estruturas entram e saem do pulmão.

[163] Moore l. Keith, Dalley F Arthur, Agur M.R. Anne, Clinical Oriented Anatomy, South Asian Edition, Wolters Kluwer (India) Publication,ISBN-978-93-87963-68-9,2018.Page no.333.

[164] Moore l. Keith, Dalley F Arthur, Agur M.R. Anne, Clinical Oriented Anatomy, South Asian Edition, Wolters Kluwer (India) Publication,ISBN-978-93-87963-68-9,2018.Page no.333.

[165] Moore l. Keith, Dalley F Arthur, Agur M.R. Anne, Clinical Oriented Anatomy, South Asian Edition, Wolters Kluwer (India) Publication,ISBN-978-93-87963-68-9,2018.Page no.333.

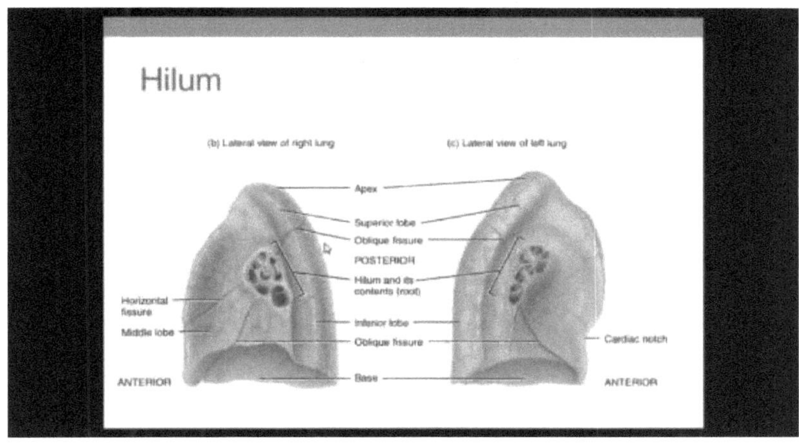

Imagem. 39 Pulmões - Superfície do mediastino

A superfície do mediastino é serrilhada por estruturas maiores que se projectam lateralmente a partir do mediastino.

O pulmão direito mostra as impressões do coração, da veia cava superior, da veia ázigos, da veia cava inferior, da traqueia, da veia braquiocefálica direita e do esófago.

A superfície mediastínica do pulmão esquerdo mostra as impressões do esófago, do coração, do arco da aorta, da carótida comum esquerda, da aorta descendente e das artérias subclávias esquerdas.

As estruturas mais pequenas na superfície do mediastino não causam qualquer impressão nos pulmões. São elas:

- Veia intercostal superior esquerda no arco aórtico
- Ducto torácico no lado esquerdo do esófago .
- Nervo frénico e vasos associados
- O vagus direito na traqueia e o vagus esquerdo no arco aórtico".

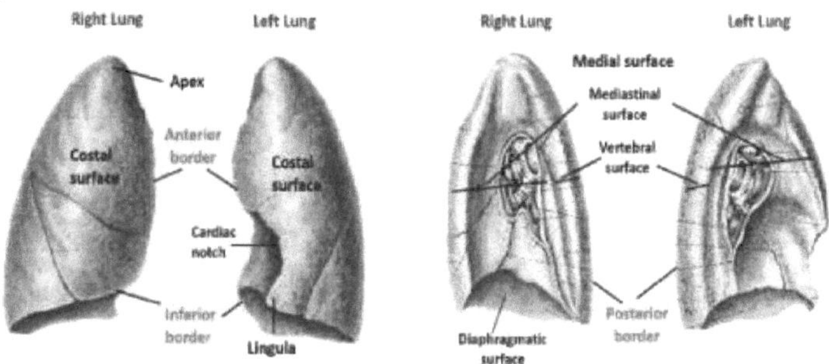

Figura.40 Superfícies dos pulmões

Raízes dos pulmões

A raiz do pulmão é uma "área de onde todas as estruturas entram ou saem dos pulmões". Uma bainha tubular está presente na área da raiz do pulmão onde as pleuras pulmonar e parietal estão unidas e se estende até a margem inferior como uma dobra chamada de ligamento pulmonar. Na raiz do pulmão, um brônquio principal passa infero-lateralmente a partir da terminação da traqueia até o hilo de cada pulmão. Uma artéria pulmonar passa transversalmente em cada pulmão, anterior ao brônquio. Duas veias pulmonares passam da parte anterior e inferior de cada hilo para o átrio esquerdo. Esta relação entre as veias pulmonares mais anteriores, depois a artéria pulmonar e, posteriormente, o brônquio deve ser confirmada nos hilos dos pulmões.

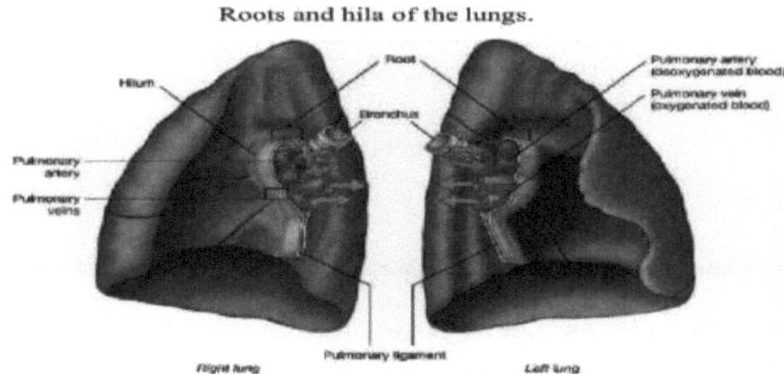

Figura. 41 Raízes e hilo do pulmão

Conteúdo da raiz do pulmão

1. Artérias pulmonares
2. Artérias brônquicas
3. Veias brônquicas.
4. Brônquios principais direito e esquerdo
5. Veias pulmonares superiores e inferiores
6. Vasos linfáticos e nódulos linfáticos
7. Ramos do nervo vago e do tronco simpático

Brônquios

O brônquio principal é um ramo terminal da traqueia e entra no pulmão. Os brônquios dividem-se em forma de árvore dentro do pulmão e cada ramo fornece uma unidade claramente definida do pulmão. Cada brônquio principal divide-se em brônquios secundários, ou lobares, um para cada lobo do pulmão.

O brônquio principal direito dá origem a -

* Brônquio lobar superior
* Brônquio lobar médio
* Brônquio lobar inferior.

O brônquio principal esquerdo dá origem a -

* Brônquio lobar superior
* Brônquio lobar inferior.

Cada brônquio lobar divide-se em brônquios terciários. Estes brônquios terciários, também conhecidos como brônquios segmentares, fornecem unidades específicas conhecidas como segmentos bronco-pulmonares dentro do lóbulo".

Segmentos bronco-pulmonares [166]

---

[166] Moore I. Keith, Dalley F Arthur, Agur M.R. Anne, Clinical Oriented Anatomy, South Asian Edition, Wolters

"Os segmentos bronco-pulmonares são de grande importância clínica e têm as seguintes características marcantes

- São a maior subdivisão do lóbulo.
- São segmentos do pulmão de forma piramidal, com o ápice voltado para a raiz do pulmão e a base na superfície pleural.
- Separados dos segmentos adjacentes por tecido conjuntivo .
- Fornecido por um brônquio segmentar e um ramo terciário da artéria pulmonar.
- Nomenclatura de acordo com os brônquios segmentares que os alimentam.
- Estes segmentos são drenados por veias pulmonares que se encontram no tecido conjuntivo entre segmentos adjacentes.
- 20 em número (10 em cada pulmão)
- Ressecável cirurgicamente de forma independente, sem qualquer lesão dos segmentos adjacentes.
- O brônquio lobar superior direito (brônquio eparterial) divide-se em três partes para irrigar os segmentos **apical, posterior e anterior.**
- O brônquio lobar médio direito divide-se para fornecer **os segmentos lateral e medial** do lobo médio.
- O brônquio lobar superior esquerdo é maior do que o direito porque o lobo superior do pulmão esquerdo corresponde aos lobos superior e médio do direito. O ramo superior do brônquio lobar superior esquerdo fornece três segmentos - apical, **posterior e anterior.** Estes correspondem aos mesmos três segmentos do lobo superior direito.
- O ramo inferior do brônquio lobar superior esquerdo fornece **os segmentos lingular superior e lingular inferior.**
- O brônquio lobar inferior fornece cinco segmentos bronco-pulmonares - **apical, basal medial, basal anterior, basal lateral e basal posterior.** Unidades mais pequenas de tecido pulmonar são conhecidas como lóbulos pulmonares[167] ."

Kluwer (India) Publication,ISBN-978-93-87963-68-9,2018.Page no.335.
[167] Moore I. Keith, Dalley F Arthur, Agur M.R. Anne, Clinical Oriented Anatomy, South Asian Edition, Wolters Kluwer (India) Publication,ISBN-978-93-87963-68-9,2018.Page no.335.

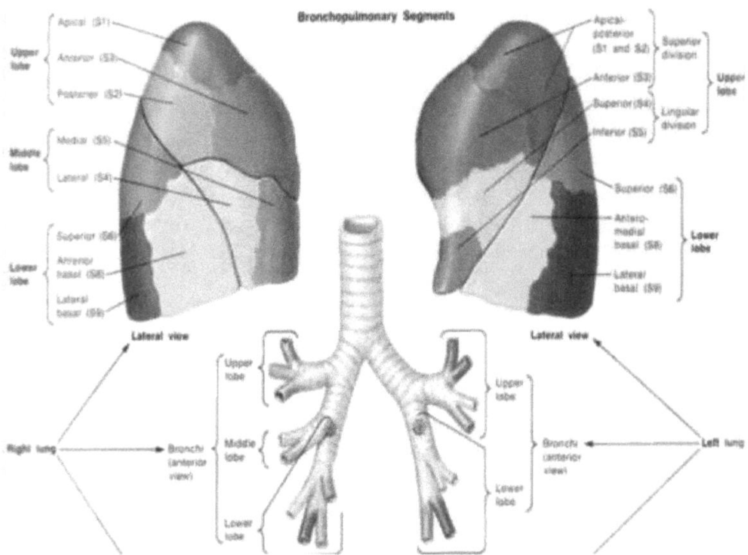

Figura. 42- Lóbulos dos pulmões e segmentos bronco-pulmonares

Fornecimento de sangue

"A artéria pulmonar, juntamente com os seus ramos, distribui o sangue venoso para os pulmões e está presente nas superfícies posteriores. Situa-se anteriormente na raiz do pulmão. Um ramo separado da artéria pulmonar abastece cada lobo, cada segmento e cada lóbulo do pulmão. A artéria e os brônquios estão localizados centralmente no segmento broncopulmonar. As trocas gasosas ocorrem nos capilares terminais presentes nos alvéolos e nos bronquíolos respiratórios. As veias pulmonares transportam o sangue oxigenado dos pulmões para a aurícula esquerda do coração. Uma veia principal drena cada segmento broncopulmonar e corre entre os segmentos e nas superfícies mediastínicas e fissurais dos pulmões. A veia pulmonar superior direita drena os lobos superior e médio direito e a veia pulmonar superior esquerda drena o lobo superior esquerdo. As veias pulmonares inferiores direita e esquerda drenam os lobos inferiores correspondentes.

As artérias brônquicas são as artérias nutritivas do pulmão. O sangue que transportam é drenado através das veias pulmonares ou das veias brônquicas".

Nomenclatura dos segmentos bronco-pulmonares[168]

[168] https://www.annalsthoracicsurgery.org/article/0003-4975(93)90507-E/pdf

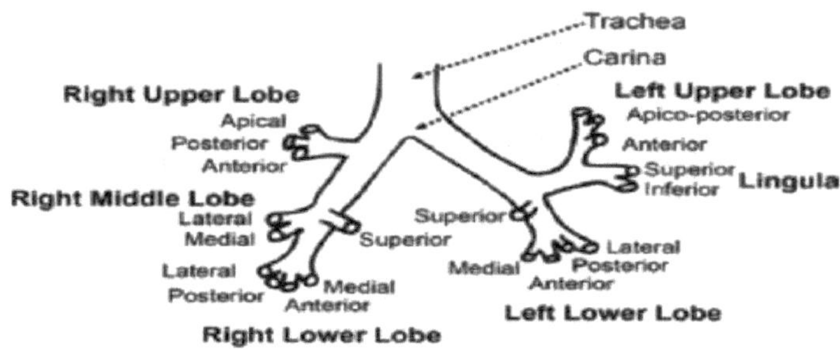

Figura. 43- Bronco - Segmentos pulmonares

Os segmentos bronco-pulmonares são as unidades básicas de cada lobo, mas apesar do seu conhecimento há muito tempo, havia uma confusão na sua nomenclatura entre os diferentes especialistas.

Em 1932, Krammer e Glass cunharam o nome "segmentos bronco-pulmonares", que mais tarde levou à ressecção segmentar feita pela primeira vez por Churchill e Belsey em 1939, que foram os primeiros a dizer que o segmento pode ser ressecado individualmente sem prejudicar os segmentos adjacentes.

Em 1949, o Congresso Internacional de Otorrinolaringologia cunhou o número específico de 10 segmentos presentes em cada pulmão, que foi mais tarde ligeiramente modificado em 1960 pelo Congresso Internacional de Anatomistas.

A Thoracic Society of Great Britain nomeou também um comité adhoc para cunhar os nomes destes segmentos e, em 1949, deu nomes diferentes aos segmentos bronco-pulmonares de cada pulmão separadamente

Nomenclatura dos segmentos bronco-pulmonares por diferentes especialistas[169] "Right Lung

S.N.	Jackson-Huber(1943)	Boyden (1955)	Brock	Sociedade Torácica de Grã-Bretanha
1	**Lóbulo superior-** Apical Posterior Anterior	**Lóbulo superior-** B1 B2 B3	**Lóbulo superior-** Apical Pectoral Sub-apical	**Lóbulo superior-** Apical Posterior Anterior
2	**Lóbulo médio** Lateral Medial	**Lóbulo médio-** B4 B5	**Lóbulo médio** Lateral Medial	**Lóbulo médio** Lateral Medial
3	**Lóbulo inferior** Superior Medial Basal Anterior Basal Lateral Basal Basal posterior	**Lóbulo inferior-** B6 B7 B8 B9 B10	**Lóbulo inferior-** Apical Cardíaco Anterior Basal Medial Basal Basal posterior	**Lóbulo inferior-** Apical Medial Basal Anterior Basal Lateral Basal Basal posterior

Tabela .2 Segmentos bronco-pulmonares Pulmão direito
Pulmão esquerdo"

[169] https://www.annalsthoracicsurgery.org/article/0003-4975(93)90507-E/pdf

S.N.	Jackson-Huber(1943)	Boyden (1955)	Brock	Sociedade Torácica de Grã-Bretanha
1	**Lóbulo superiorDivisão superior** Apico-Posterior Anterior **Divisão Lingular** Superior Inferior	**Lóbulo superior-** B1-3 **Lingular Divisão-** B4 B5	**Lóbulo superior-** Apical Pectoral Subapical **Lingular Divisão** Superior Inferior	**Lóbulo superior-** Apico-Posterior ou Apical Anterior **Divisão Lingular** Superior Inferior
2	**Lóbulo inferior** Superior Anterior Basal Lateral Basal Basal posterior	**Lóbulo inferior-** B6 B7-8 B9 B10	**Lóbulo inferior-** Apical Anterior Medial Basal Posterior Basal	**Lóbulo inferior-** Apical Anterior Basal Lateral Basal Basal posterior

Tabela .3 Segmentos bronco-pulmonares Pulmão esquerdo

FISIOLOGIA DA RESPIRAÇÃO

A respiração ocorre em duas fases: a inspiração e a expiração. Durante a inspiração, a caixa torácica aumenta de tamanho e os pulmões expandem-se para que o ar possa entrar facilmente nos pulmões. Durante a expiração, a caixa torácica e os pulmões diminuem de tamanho e atingem a posição pré-inspiratória, de modo a que o ar saia facilmente dos pulmões. Na respiração normal, a inspiração é o processo ativo e a expiração é o processo passivo. **CICLO DE RESPIRAÇÃO**

Ocorre 12 a 15 vezes por minuto e consiste em três fases:

- INSPIRAÇÃO
- EXPIRAÇÃO
- PAUSA

Inspiração

A capacidade da cavidade torácica é aumentada pela contração simultânea <u>dos músculos intercostais e do diafragma, devido à qual a pleura parietal se desloca</u> Efeitos da *Asana* na drenagem dos segmentos bronco-pulmonares - Um estudo concetual com as paredes do tórax e o diafragma. Isto reduz a pressão na cavidade pleural a um nível significativamente mais baixo do que a pressão atmosférica. A pleura visceral acompanha a pleura parietal, puxando o pulmão com ela. Devido a este facto, os pulmões são esticados e a pressão nos alvéolos e nas vias respiratórias diminui, atraindo o ar para os pulmões numa tentativa de igualar as pressões atmosférica e alveolar.

O processo de inspiração é a energia ativa necessária para a contração dos músculos. A pressão negativa criada na cavidade torácica ajuda o retorno venoso ao coração e é conhecida como bomba respiratória.

Expiração

Os músculos intercostais e o diafragma estão relaxados, o que resulta num movimento para baixo e para dentro da caixa torácica e num recuo elástico dos pulmões. Quando esta pressão no interior dos pulmões excede a pressão atmosférica, resulta na expulsão de ar do trato respiratório. Os pulmões ainda contêm algum ar e são impedidos de entrar em colapso total pela pleura intacta. Este processo é passivo, uma vez que não requer o dispêndio de energia. Após a expiração, há um pequeno intervalo antes do início do ciclo seguinte".

VARIÁVEIS FISIOLÓGICAS QUE AFECTAM A RESPIRAÇÃO

Elasticidade: "Elasticidade é o termo utilizado para descrever a capacidade do pulmão de voltar à sua forma normal após cada respiração. A perda de elasticidade do tecido conjuntivo dos pulmões obriga a uma expiração forçada e a um maior esforço na inspiração.

Conformidade: É uma medida da distensibilidade ou do esforço necessário para expandir ou esticar os pulmões.

É de notar que a complacência e a elasticidade são forças totais opostas.

CIRCULAÇÃO PULMONAR

O ventrículo direito bombeia sangue através da artéria pulmonar para os capilares que cobrem a superfície da parede alveolar. Os pulmões têm um duplo fornecimento de sangue, constituído pelas artérias brônquicas, que transportam sangue oxigenado para as partes do corpo, e pelas artérias pulmonares, que transportam sangue venoso misto do coração para os pulmões para oxigenação. As artérias brônquicas nascem da aorta logo após o seu arco. Por vezes, podem surgir a partir das artérias intercostais, subclávias ou mamárias internas. Elas irrigam os brônquios e os tecidos circundantes até ao nível do bronquíolo terminal. Para além disso, as unidades respiratórias terminais são irrigadas pela artéria pulmonar. As artérias brônquicas rodeiam os brônquios e dividem-se com eles, formando um fino plexo capilar na submucosa dos brônquios. Os capilares venosos surgem a partir desta rede e formam um plexo na adventícia, que drena para as veias brônquicas. As veias brônquicas drenam para as veias pulmonares, que entram na circulação sistémica perto do hilo pulmonar

A artéria pulmonar origina-se do ventrículo direito e divide-se nas artérias pulmonares principais direita e esquerda. A circulação pulmonar é constituída por todo o débito cardíaco e contém sangue venoso. As artérias pulmonares dividem-se em ramos que, por sua vez, se subdividem em capilares pulmonares, que formam uma rede nos septos inter-alveolares. As veias pulmonares nascem nos pontos finais das unidades respiratórias terminais e, por fim, são drenadas para a aurícula esquerda, que fornece sangue oxigenado a todo o corpo através do ventrículo esquerdo e é depois bombeado para o arco da aorta".

MOVIMENTOS DA CAIXA TORÁCICA

A inspiração inicia o alargamento da caixa torácica, o que leva ao aumento de todos os diâmetros, nomeadamente os diâmetros antero-posterior, transversal e vertical. Os diâmetros ântero-posterior e transversal da caixa torácica são aumentados pela elevação das costelas e o diâmetro vertical é aumentado pelo movimento descendente do diafragma. O movimento e a alteração da caixa torácica ocorrem devido às seguintes estruturas

1. Tampa torácica
2. Série costal superior
3. Série costal inferior
4. Diafragma.

1. Tampa torácica

A tampa torácica é formada pelo manúbrio esternal e pelo primeiro par de costelas. Também é chamado de opérculo torácico, cujo movimento aumenta o diâmetro anteroposterior da caixa torácica. Devido à contração dos músculos escalenos, as primeiras costelas deslocam-se para cima para uma posição mais horizontal e aumentam o diâmetro antero-posterior da caixa torácica superior.

2. Série Costeira Superior

A série costal superior é constituída pelo segundo ao sexto par de costelas. O movimento da série costal superior aumenta o diâmetro anteroposterior e transversal da caixa torácica. Este movimento é de dois tipos:

1. Movimento do punho da bomba
2. Movimento da pega do balde.

Movimento do punho da bomba

A contração dos músculos intercostais externos provoca a elevação destas costelas e o movimento do esterno para cima e para a frente, o que aumenta o diâmetro antero-posterior da caixa torácica. Este movimento é designado por movimento de pega da bomba.

Movimento da pega do balde

Do mesmo modo, as porções centrais destas costelas (arcos costais) deslocam-se para cima e para fora, para uma posição mais horizontal, o que aumenta o diâmetro transversal da caixa torácica. Este movimento é conhecido como movimento de pega de balde.

3. Série Costeira Inferior

A série costal inferior inclui do sétimo ao décimo par de costelas. O movimento da série costal inferior aumenta o diâmetro transversal da caixa torácica através do movimento da pega do balde. Este movimento aumenta o diâmetro transversal da caixa torácica.

O décimo primeiro e o décimo segundo pares de costelas são as costelas flutuantes e não participam em qualquer tipo de alteração no tamanho da caixa torácica.

4. Diafragma

O movimento do diafragma aumenta o diâmetro vertical da caixa torácica. Em posição normal, assim que a inspiração começa, o diafragma tem a forma de uma cúpula com a convexidade virada para cima que, durante a inspiração, devido à contração das fibras musculares, se encurta e a porção tendinosa central é puxada para baixo, resultando no achatamento do diafragma. O achatamento do diafragma aumenta o diâmetro vertical da caixa torácica".

TROCA DE GASES RESPIRATÓRIOS NOS PULMÕES

A oxigenação do sangue tem lugar ao nível dos alvéolos, nos quais os capilares entram em contacto com o oxigénio do ar e, através do processo de difusão, ocorre o transporte de oxigénio para o sangue e a excreção de dióxido de carbono para os alvéolos. O oxigénio entra no sangue a partir dos alvéolos e o dióxido de carbono é expelido do sangue para os alvéolos através do processo de difusão. Existe uma membrana que actua como uma barreira para o transporte de oxigénio e dióxido de carbono de forma controlada e é conhecida como membrana respiratória.

MEMBRANA RESPIRATÓRIA

"A membrana respiratória é uma estrutura membranosa através da qual se efectua a troca de gases respiratórios. É formada pelo **epitélio** da unidade respiratória e pelo **endotélio** do capilar pulmonar. O epitélio da unidade respiratória é uma camada muito fina. Como os capilares estão em contacto estreito com esta membrana, o ar alveolar está próximo do sangue capilar, o que facilita as trocas gasosas entre o ar e o sangue. A membrana respiratória é formada por diferentes camadas de estruturas pertencentes a

os alvéolos e os capilares.

Gás	Extremidade arterial do capilar pulmonar	Alvéolos	Extremidade venosa pulmonar e capilar	Extremidade arterial capilar sistémico	Tecido	Extremidade venosa do capilar sistémico
PO2 (mm Hg)	40	104	104	95	40	40

Teor de oxigénio (ml %)	14	-	19	19	-	14
PCO_2 (mm Hg)	46	40	40	40	46	46
Teor de óxido de carbono (ml %)	52	-	48	48	-	52

QUADRO. 4 : Pressão parcial e teor de oxigénio e dióxido de carbono nos alvéolos, capilares e tecidos

PRESSÕES RESPIRATÓRIAS

Durante o processo de respiração, são exercidos dois tipos de pressão na caixa torácica e nos pulmões

1. Pressão intratorácica/pressão intrapleural
2. Pressão intrapulmonar / Pressão intraalveolar

1. PRESSÃO INTRATORÁCICA / INTRAPLEURAL

Definição

A pressão intrapleural é a pressão existente na cavidade pleural, ou seja, entre as camadas visceral e parietal da pleura. É exercida pela sucção do líquido que reveste a cavidade pleural (Fig. 120.1). É também chamada **pressão intratorácica**, uma vez que é exercida em toda a cavidade torácica.

Valores normais

As pressões respiratórias são sempre expressas em relação à pressão atmosférica, que é de 760 mm Hg. Em condições fisiológicas, a pressão intrapleural é sempre negativa.

Os valores normais são:

1. No final da inspiração normal: - 6 mm Hg (760 - 6 = 754 mm Hg)
2. No final da expiração normal:- 2 mm Hg (760 - 2 = 758 mm Hg)
3. No final da inspiração forçada: -30 mm Hg
4. No final da inspiração forçada com a glote fechada (manobra de Muller):- 70 mm Hg 5.

No final da expiração forçada com a glote fechada (manobra de Valsalva):- 50 mm Hg.

Causa da negatividade da pressão intrapleural

A cavidade pleural é sempre revestida por uma fina camada de líquido que é segregado pela camada visceral da pleura. Este líquido é constantemente bombeado da cavidade pleural para os vasos linfáticos. O bombeamento de líquido cria uma pressão negativa na cavidade pleural. A pressão intrapleural torna-se positiva na manobra de Valsalva e em algumas condições patológicas, como o pneumotórax, o hidrotórax, o hemotórax e o piotórax.

Significado da pressão intrapleural

Ao longo do ciclo respiratório, a pressão intra pleural permanece inferior à pressão intra alveolar. Isto mantém os pulmões sempre insuflados. A pressão intra pleural tem duas funções importantes:

- Evita a tendência para o colapso dos pulmões.
- Devido à pressão negativa na região torácica, as veias maiores e a veia cava dilatam-se, ou seja, dilatam-se. Além disso, a pressão negativa actua como uma bomba de sucção e puxa o sangue venoso da parte inferior do corpo para o coração contra a gravidade. Assim, a pressão intra-pleural é responsável pelo retorno venoso. Por isso, é chamada de bomba respiratória para o retorno venoso.

2. PRESSÃO INTRA-PULMONAR/ INTRA-ALVEOLAR

Definição

A pressão intra-alveolar é a pressão existente nos alvéolos dos pulmões. Também é conhecida como pressão intrapulmonar.

Valores normais

Normalmente, a pressão intra-alveolar é igual à pressão atmosférica, que é de 760 mm Hg. Torna-se negativa durante a inspiração e positiva durante a expiração. Os valores normais são:

1. Durante a inspiração normal: -1 mm Hg (760 - 1 = 759 mm Hg)
2. Durante a expiração normal: +1 mm Hg (760 + 1 = 761 mm Hg)
3. No final da inspiração e da expiração: Igual à pressão atmosférica (760 mm Hg)
4. Durante a inspiração forçada com a glote fechada (manobra de Müller): -80 mm Hg
5. Durante a expiração forçada com a glote fechada (manobra de Valsalva): +100 mm Hg.

Importância da pressão intra-alveolar

1. A pressão intra-alveolar provoca o fluxo de ar para dentro e para fora dos alvéolos. Durante a inspiração, a pressão intra-alveolar torna-se negativa, pelo que o ar atmosférico entra nos alvéolos. Durante a expiração, a pressão intra-alveolar torna-se positiva. Assim, o ar é expelido para fora dos alvéolos.

2. A pressão intra-alveolar também ajuda na troca de gases entre o ar alveolar e o sangue.

Pressão transpulmonar

A pressão transpulmonar é a diferença de pressão entre a pressão intra-alveolar e a pressão intra-pleural. É a medida das forças elásticas nos pulmões, que é responsável pela tendência de colapso dos pulmões".

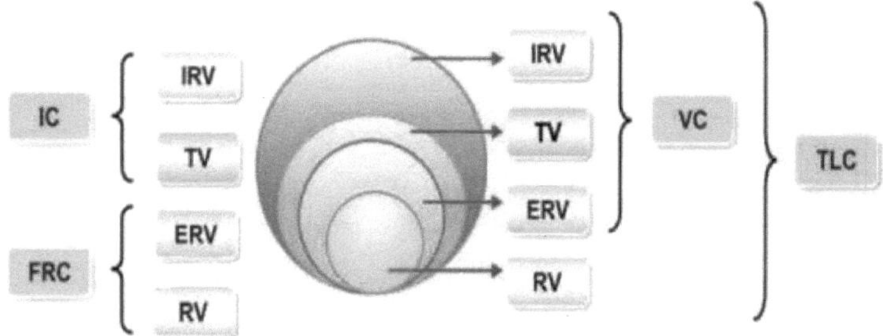

Figura. 44: Volumes e capacidades pulmonares.

"VOLUME E CAPACIDADES PULMONARES:

I. Volume pulmonar primário

Volume residual (VR): - Volume de ar que permanece no pulmão após uma expiração máxima. Valor normal: 1,5 litros.

a. Volume de reserva expiratório (VRE): - Volume máximo de ar expirado a partir do nível expiratório final normal. (Valor normal: 1,2-1,5 litros

b. Volume corrente (VT): - Volume de ar inalado ou exalado durante cada respiração. O volume de ar inspirado é muito ligeiramente diferente do ar expirado, consoante o valor do quociente respiratório. O valor normal é de :- 500 ml.

c. Volume de reserva inspiratório (VRI): - Volume máximo de ar inalado a partir do volume corrente inspiratório final normal. Valor normal: 2-3 litros.

Espaço morto

Espaço morto anatómico ou de gás inerte: - Como volume de espaço morto de todas as passagens não permutadoras de gás no pulmão, compreendendo normalmente a via aérea superior desde as narinas e a árvore brônquica até aos bronquíolos respiratórios (150-170 ml).

Espaço morto fisiológico - Um número (não um volume topográfico) que, por comparação com o espaço morto anatómico ou de gás inerte, expressa a não uniformidade das relações V/Q no pulmão.

II. Capacidades pulmonares:

a) **Capacidade inspiratória (CI)** - Volume máximo de ar que pode ser inspirado a partir da posição expiratória final normal, ou seja, IRV + VT (2-3,5 litros).

b) **Capacidade vital (CV)** - Valor máximo de ar expirado a partir da posição inspiratória máxima com o tempo de duração da expiração, ou seja, VRE + CI (3-5 litros).

c) **Capacidade vital inspiratória** - Volume máximo de ar inalado a partir do ponto de inalação máxima.

d) **Capacidade residual funcional (CRF)** - Volume de ar presente no pulmão no nível expiratório final durante uma respiração completa na posição respiratória de repouso ou na posição médio-torácica (2-3 litros)".

4 DISCUSSÃO

A anatomia sistémica da ciência moderna é descrita como *Srotas Vigyana* na Ayurveda e é-lhes dada uma sequência específica. Entre eles, *o Pranavaha Srotas* ocupa o primeiro lugar porque, se deixar de funcionar, a morte ocorrerá em poucos minutos. Estes *Srotas* são classificados como *Antarmukha* e *Bahirmukha*. *Os Srotas Bahirmukha* estão abertos fora da cavidade do corpo. Os Srotas *Bahurmukha são classificados* como abertura para ingestão e abertura para excreção. O sistema respiratório está em contacto com o ambiente exterior, pelo que as vias respiratórias superiores e inferiores estão em contínuo estado de secreção. Normalmente, estas secreções são absorvidas pelo sistema, mas há certas condições (ambientais, fisiológicas e patológicas) que aumentam as secreções e, neste caso, o reflexo da tosse ajuda. Em algumas condições, apenas o reflexo da tosse não é suficiente para lidar com as situações e é necessária alguma assistência, como amassar, massagem, inalação de vapor, vibradores e assistência manual. O problema da terapia acima referida é que necessita da ajuda de outras pessoas, o que por vezes pode não ser possível devido a muitas razões (como o cenário atual da pandemia de COVID).

Nestas situações, *o Asana*, tal como descrito na ciência *do Yoga,* proporciona-nos uma nova forma de pensar relativamente à drenagem dos segmentos bronco-pulmonares. *O ioga* é uma ciência que inclui a combinação adequada de força física e um padrão de respiração correto. De acordo com o *Yoga,* todos os *Asana* têm efeitos positivos no sistema cardiorrespiratório, mas, para este estudo, foram escolhidos os *Asana* em que a posição anatómica da caixa torácica é alterada no espaço tridimensional, porque, de acordo com as directrizes da fisioterapia, são indicadas diferentes posições para alterar a dimensão tridimensional do tórax. De acordo com a ciência médica moderna, existem dois tipos de respiração: a torácica e a abdominal. Nas crianças e nos homens, a respiração abdomino-torácica é considerada normal, ao passo que nas mulheres a respiração torácico-abdominal é considerada normal. No Yoga, a principal consideração é sobre estes padrões de respiração que aumentam ou diminuem com diferentes posições adquiridas em diferentes posturas de yoga, o que leva à alteração tridimensional da caixa torácica.

Os diferentes *Asana* considerados neste estudo não só alteram a posição da caixa torácica, como também afectam o padrão respiratório, a pressão intra-torácica e a drenagem linfática do tronco. *O Asana do ioga* fortalece a musculatura respiratória, devido à qual a caixa torácica se insufla e desinsufla ao máximo até ao seu limite possível e faz com que os músculos respiratórios trabalhem ao seu melhor nível. Agora, cada Asana será discutido com os critérios acima mencionados.

1) *Vrishchikasana* - Nesta posição, o corpo está invertido, pelo que o efeito da força gravitacional sobre o corpo é completamente alterado e o retorno venoso ao coração é aumentado. A parede abdominal anterior está completamente esticada, a pressão máxima é exercida na região do umbigo. A inversão do corpo provoca alterações cinesiológicas no cérebro e ativa a secreção de neurotransmissores como a dopamina. Os lóbulos medial e basal são espremidos devido à flexão para trás da coluna vertebral, a pressão da parede abdominal anterior e a força gravitacional aumentam a sua drenagem. Neste *Asana,* os músculos abdominais são esticados, fazendo com que os pulmões se expandam ao máximo.

2) *Makarasana* - Basicamente, trata-se de uma posição de decúbito ventral com o braço abduzido da articulação do ombro, o cotovelo fletido e a palma da mão sob a testa. Nalgumas variações, a palma da mão pode ser colocada no chão em posição supina com o cotovelo fletido num ângulo de 90 graus. Esta postura permite que as vias respiratórias absorvam mais ar para os alvéolos, o que aumenta o nível de saturação de oxigénio e o desempenho dos pulmões. Os braços estendidos exercem pressão sobre os gânglios linfáticos axilares e o grupo de gânglios supra-claviculares, o que acaba por melhorar a drenagem pulmonar.

3) *Matsyasana* - Nesta posição, a articulação do joelho é flectida, a articulação do tornozelo é estendida e as coxas são abduzidas. A posição da coluna vertebral provoca um reforço dos músculos intercostais e das camadas profundas dos músculos das costas. A extensão do pescoço fortalece os músculos acessórios da respiração, por exemplo, o escaleno. Isto provoca um aumento da capacidade pulmonar e do fluxo arterial em toda a caixa torácica, uma vez que a postura de pernas cruzadas reduz o fluxo sanguíneo nos membros inferiores. Esta posição cessa a respiração torácica, pelo que a respiração é puramente abdominal, o que exerce maior pressão sobre os lóbulos basais do pulmão para que se estiquem profundamente nos recessos costodiafragmáticos e costo-mediastínicos, resultando num aumento da drenagem, especialmente dos lóbulos basais.

4) *Uttanasana* - Nesta postura, toda a caixa torácica é dobrada numa posição tal que a cavidade torácica fica de cabeça para baixo em 180 graus. O corpo está dobrado na articulação sacro-ilíaca com a coluna vertebral direita, a parede abdominal anterior é pressionada de modo a causar uma pressão firme dos órgãos abdominais na caixa torácica pelo diafragma. Devido a esta postura, a respiração abdominal é completamente interrompida e, devido à respiração torácica, os músculos respiratórios acessórios são activados. Os lobos médios e basais do pulmão são comprimidos devido à pressão abdominal, o que provoca uma compressão do pulmão com aumento do volume expiratório. Todas estas acções de pressão e compressão comportam-se como uma massagem assistida, um treino como amassar ou bater. Todo este processo aumenta a drenagem dos segmentos bronco-pulmonares.

5) *Sashakasana* - As várias posturas de *Sashakasana* representam as diferentes posturas do coelho. Nesta postura, a articulação do tornozelo está totalmente estendida, a articulação da anca pode estar fletida ou abduzida, a articulação do joelho fletida, a coluna vertebral está direita e dobrada apenas na articulação sacro-ilíaca, ambos os braços totalmente estendidos no chão, o que provoca uma maior pressão sobre o grupo de gânglios linfáticos axilares, juntamente com a testa no chão. Nesta posição, as capacidades inspiratórias das pessoas são máximas, porque os músculos diafragmáticos (abdominais) e torácicos (intercostais, escalenos, etc.) estão activos, e as vias respiratórias estão no máximo da sua permeabilidade. É mais eficaz para a drenagem dos segmentos inferiores e posteriores dos pulmões. A flexão das coxas reduz o fluxo sanguíneo nos membros inferiores e desvia o fornecimento de sangue para outras regiões do corpo.

6) *Shalabhasana* - Neste Asana, os tornozelos são fletidos, os pés invertidos, os joelhos e as ancas são estendidos, aduzidos e rodados medialmente. A coluna torácica, lombar e cervical é alargada. A caixa torácica é alargada, o que resulta numa melhor respiração. A circulação aumenta na coluna vertebral e em toda a parte superior do corpo, o que aumenta diretamente a drenagem sanguínea e linfática dos órgãos superiores do corpo. Isto provoca um aumento da drenagem dos pulmões, especialmente dos segmentos posterior e superior. A posição adquirida nesta posição tem um impacto direto na pressão exercida sobre estes segmentos, o que leva a um aumento da drenagem.

7) *Kurmasana* - Na *Kurmasana,* a coluna vertebral está direita e apenas flectida na articulação sacro-ilíaca, exercendo uma pressão direta sobre os órgãos abdominais. Isto provoca a expansão do tórax e leva a um aumento da capacidade de oxigenação dos pulmões.

Fortalece as costas e os músculos respiratórios. Os órgãos do abdómen são estimulados com este *Asana* e a sua estimulação afecta diretamente a função e o metabolismo de todo o corpo. Este Asana requer um nível extremo de prática e aquele que é capaz de o executar pode ter um grande efeito em todo o seu corpo, activando os transmissores neuroquímicos responsáveis pela melhoria das suas actividades.

8) ***Dhanurasana*** - Nesta postura, todo o peso do corpo está na parede abdominal anterior, especialmente na região do umbigo (*Nabhi*). De acordo com a *Ayurveda* e o Yoga, *o Nabhi* representa o local de residência do *Prana* (energia vital). Existe uma grande pressão sobre a coifa dos rotadores, a clavícula e a região lombar, bem como uma melhoria da curvatura da coluna torácica. O *Dhanurasana* proporciona um alongamento máximo dos músculos da parede abdominal anterior. A parede abdominal é inervada pelos nervos intercostais (que surgem de T6 a T12) e pelos nervos ilioinguinal / ilio-hipogástrico (que surgem de L1). Estimula os nervos da parede abdominal e afecta as funções simpáticas e parassimpáticas dos órgãos. Ao deitar-se sobre o diafragma com o ombro estendido, o coração recebe uma massagem suave, uma vez que o tórax está totalmente expandido nesta postura. Este *Asana tem um* impacto direto nos órgãos abdominais, que são massajados, e exerce pressão sobre o peito e os músculos respiratórios, o que acaba por aumentar a função dos pulmões através de uma maior oxigenação dos alvéolos. Isto leva a uma melhor e mais rápida drenagem das secreções dos lóbulos dos pulmões.

9) ***Matsyendrasana*** - Este *Asana* leva à torção da região do tórax, o que acaba por conduzir a uma respiração profunda. Isto provoca o fortalecimento dos músculos pulmonares, o fortalecimento da coluna torácica e ajuda a uma melhor circulação de oxigénio na cavidade torácica, juntamente com o aumento da drenagem linfática devido à pressão exercida sobre os gânglios linfáticos. Aumenta igualmente a flexibilidade da coluna vertebral, o que contribui para o movimento da caixa torácica durante a inspiração e a expiração.

10) *Paschimottanasana* - *Paschimottanasana* é uma postura de flexão para a frente. Durante a execução deste *Asana*, a ação de flexão para a frente provoca a contração dos músculos abdominais anteriores. Nesta posição, os tornozelos estão dorsiflexionados, os joelhos estendidos, as ancas fletidas, a coluna vertebral fletida e especialmente a coluna cervical. A articulação do ombro é flectida, rodada externamente e aduzida. Os cotovelos estão estendidos e o antebraço pronado. Provoca a flexibilidade dos músculos da coluna vertebral. De acordo com o "*Hathayoga Pradipika Paschimottanasana* é o mais importante dos *Asanas* e inverte o fluxo da respiração, transporta o ar da parte da frente para a parte de trás do corpo, ou seja, a respiração flui através do *Sushumna*". *Paschimottanasana* exerce pressão sobre os órgãos abdominais, o que leva a um aumento da pressão intra-abdominal, que leva a um aumento da pressão na cavidade torácica e provoca um aumento da respiração com uma melhor ventilação dos pulmões. Isto provoca o reforço dos músculos torácicos e dos membros.

11) ***Mayurasana*** - Esta postura é recomendada para a pessoa após o nível de iniciação. Inclui o domínio do *Uddiyaan Bandha* antes do *Asana*. O peso do corpo inteiro está nas palmas das mãos enquanto os cotovelos repousam na parede abdominal anterior. Há extensão cervical da coluna vertebral; ligeira flexão torácica; ligeira extensão lombar, ancas estendidas e aduzidas, joelho estendido, tornozelo dorsiflexionado, omoplata rodada para baixo e abduzida, articulação do ombro fletida, aduzida e rodada internamente, cotovelo semi-flexionado, antebraço supinado e pulso estendido. Isto leva a um aumento da circulação no tórax e nos órgãos abdominais. O sistema linfático depende da contração e do relaxamento dos músculos e das articulações para se mover e este *Asana* aumenta a drenagem linfática. Devido ao aumento da pressão na zona abdominal, esta Asana aumenta a pressão sobre o diafragma, que por sua vez aumenta a pressão sobre os pulmões. Assim, o aumento da pressão leva a uma melhor drenagem das secreções dos segmentos pulmonares, especialmente dos segmentos dos lobos inferior e médio.

12) *Shavasana* - Este *Asana* é responsável pelo relaxamento da mente e do corpo inteiro. A coluna fica relaxada e o fluxo sanguíneo aumenta para todo o corpo e especialmente para o cérebro, o que relaxa a mente e ajuda a aliviar a ansiedade, aumentando a oxigenação das células cerebrais com mais oxigénio. Provoca alterações no padrão respiratório e ajuda a ventilar corretamente os pulmões. *A Shavasana* ajuda a respirar profundamente e melhora o fluxo sanguíneo para a região do peito, fazendo com que mais sangue oxigenado chegue a outras partes do corpo, incluindo os tecidos pulmonares, o que também aumenta a sua drenagem.

13) *Siddhasana* - Este *Asana* foi considerado o melhor entre todos os *Asanas* de acordo com o *Hatha Yoga Pradipika*, esta postura também é conhecida como pose perfeita. Praticar este Asana por um período mais longo aumenta a postura, alonga e endireita a coluna e abre a região do peito e dos ombros. Isto leva a uma hiperventilação da caixa torácica e a uma maior oxigenação dos alvéolos. Aumenta a flexibilidade dos músculos respiratórios, o que ajuda a respiração profunda. Este Asana afecta diretamente os centros pneumotáxico e pontino do cérebro, através de um padrão de respiração controlado durante a inspiração e a expiração. Deste modo, melhora a ventilação e a drenagem dos pulmões, especialmente dos segmentos bronco-pulmonares superiores de ambos os pulmões.

14) *Simhasana* - Este *Asana* também é conhecido como "respiração do leão". Melhora a força dos músculos da parte anterior do pescoço, aumenta a atividade da garganta e da região da epiglote e do músculo que forma o pavimento da cavidade bucal, resultando num melhor reflexo da tosse, que é o passo final da drenagem dos segmentos bronco-pulmonares. Aumenta também a capacidade pulmonar e ajuda a tornar os músculos respiratórios mais flexíveis. Estimula o diafragma e ajuda a aumentar a ventilação dos pulmões. Isto afecta a drenagem das secreções dos pulmões de forma ativa, sem necessidade de qualquer assistência passiva.

Os músculos respiratórios (diafragma, intercostais, escaleno, esternocleidomastóideo, espinhal, músculos do pescoço, etc.) são os músculos esqueléticos, mas o seu padrão fisiológico é completamente diferente, uma vez que trabalham num padrão cíclico desde o nascimento até à morte, sem se cansarem. *Pranayama, Bandha* e *Mudra* actuam como pré-operatórios/acessórios ao *Asana. Pranayama* é uma permutação e combinação de diferentes conjuntos de movimentos inspiratórios e expiratórios do padrão cíclico dos músculos respiratórios que altera o padrão neuroquímico do cérebro responsável pela cura do corpo e da mente.

Ao passar pelos *Asana* acima referidos, pode facilmente compreender-se que estes afectam diretamente o padrão respiratório, o que, em última análise, leva a um aumento da drenagem dos segmentos bronco-pulmonares e melhora a ventilação dos alvéolos pulmonares.

Quando analisamos a revisão relativa à drenagem postural, vemos que há indicação de utilizar esta terapia de manhã, uma vez que a acumulação de secreções é maior durante a noite, da mesma forma que, de acordo com a Ayurveda, também *Kapha* se acumula no corpo durante a noite e pedimos para fazer *Kunjal Kriya* para a desintoxicação e remoção de *Kapha* juntamente com *Pitta Dosha* do corpo.

Em estudos posteriores, podem ser aplicadas diferentes combinações dos Asana acima mencionados num padrão de curso em cápsula para várias condições, como
1) De acordo com o *Prakariti* e o *Kaala (Avasthik,* estação do ano, idade), por exemplo, a utilização deste curso em *Vasanta Ritu* para uma pessoa *Kapha Prakriti.*
2) Se uma pessoa estiver em isolamento devido a várias condições, tais como o isolamento sugerido por um médico, o facto de viver sozinha - como a velhice -, o confinamento, a colocação numa zona remota, a incapacidade dos médicos, etc.

5 CONCLUSÃO

O principal objetivo desta dissertação é encontrar instrumentos úteis que possam ser acrescentados ao arsenal da ciência médica, de modo a que, mesmo que uma pessoa precise de aumentar a sua própria drenagem dos segmentos bronco-pulmonares, possa fazê-lo por si própria. Este instrumento pode ser utilizado numa situação específica em que uma pessoa se encontra sozinha por qualquer motivo (por exemplo, doença contagiosa, condições pandémicas, isolamento, etc.).

Embora em cada *Asana o* padrão de respiração seja muito importante, pois afecta diretamente o corpo e a mente. A respiração normal é muito essencial para cada *Asana* e também nos devemos sentir completamente relaxados antes e depois do *Asana*. A formação de secreções brônquicas é um processo fisiológico normal e é normalmente absorvida ou expelida pelos pulmões. Mas há algumas situações e *Prakriti* (como *Kaphaj Prakriti*) do indivíduo em que a formação destas secreções aumenta e precisa de ser drenada do corpo através de uma manobra ou de outros métodos. Há também algumas condições em que o paciente não é capaz de drenar as secreções e precisa de ser drenado com a ajuda de várias técnicas mencionadas na fisioterapia, como a drenagem postural. Neste caso, pede-se a uma pessoa que se coloque em determinadas posições e depois utilizam-se algumas técnicas mencionadas na fisioterapia para drenar as secreções sob a ação da gravidade. Da mesma forma, neste estudo, tentei descobrir algumas posturas de *Asana* que também são úteis para a drenagem dos pulmões. Alguns dos *Asana* que tomei são os seguintes

1. *Vrischikasana*
2. *Makarasana*
3. *Matsyasana*
4. *Uttanasana*
5. *Sashakasana*
6. *Shalabhasana*
7. *Kurmasana*
8. *Dhanurasana*
9. *Matseyndrasana*
10. *Paschimottanasana*
11. *Mayurasana*
12. *Shavasana*
13. *Siddhasana*
14. *Simhasana*

Embora todos os *Asana* sejam úteis para drenar os pulmões, a maior parte deles tem um efeito direto nos pulmões e no padrão respiratório. Mas aqui escolhi apenas os *Asana* que são mais úteis para a ventilação e drenagem dos pulmões. Estes *Asana,* de uma forma ou de outra, ajudam na drenagem dos segmentos dos lóbulos dos pulmões.

TRABALHO PROPOSTO QUE PODE SER EFECTUADO :-

1. O aspeto clínico deste estudo pode ser tomado para analisar o efeito destes Asana na drenagem dos pulmões na DPOC ou em algumas outras doenças...

2. Pode ser efectuado um estudo sobre pessoas que vivem isoladas devido a qualquer causa em que não exista ninguém para dar apoio passivo à drenagem dos pulmões, por exemplo, pessoas do exército atingidas por avalanches, em doenças transmissíveis como os casos de COVID.

6 Resumo

O resumo é uma breve descrição da tese. O estudo intitulado "Efeitos do Asana na drenagem dos segmentos bronco-pulmonares - um estudo concetual" é composto por um capítulo intitulado introdução com objectivos e material e métodos, revisão da literatura sobre o *Asana*, revisão da literatura moderna sobre Anatomia e Fisioterapia mencionando a drenagem dos segmentos bronco-pulmonares, discussão, conclusão e resumo. Todo o trabalho pormenorizado pode ser resumido nos seguintes subtítulos

Introdução

Nesta secção, é dada uma ideia sobre os *ásanas* e a sua necessidade para a drenagem dos segmentos broncopulmonares ou drenagem postural.

Revisão da literatura

A revisão da literatura foi feita em duas secções, que são as seguintes

- Revisão da literatura antiga de *Asana* - O conceito básico de *Asana* e o seu efeito em *Pranavaha Srotas* foi retirado e revisto de textos antigos e modernos.

- Foi feita uma revisão da literatura moderna de Anatomia e Fisioterapia mencionando a drenagem dos segmentos bronco-pulmonares e a literatura foi recolhida de livros, artigos, trabalhos de investigação disponíveis e fontes da Internet.

Finalidades e objectivos:

O objetivo desta investigação é explorar vários *Asana* em que a posição do tórax, no espaço tridimensional, é alterada e o seu efeito na drenagem dos segmentos broncopulmonares será estudado teoricamente em relação à Drenagem Postural, tal como mencionado na Fisioterapia. Este estudo ajudará a recomendar o *Asana* específico para uma pessoa específica, durante uma estação específica e um temperamento corporal específico (*Deha Prakriti*). Com base neste trabalho, podem ser efectuados outros estudos sobre voluntários saudáveis. Também ajudará a sugerir *Purvakarma* em *Panchkarma*.

Materiais e métodos:

1. Revisão de livros relacionados com fisioterapia, drenagem bronco-pulmonar e *Asana*, incluindo comentários relevantes.
2. Revisão da literatura sobre fisioterapia.
3. Outros meios de comunicação impressos, informações em linha, jornais, revistas, etc.

Discussão

- Nesta secção, foram discutidos os efeitos fisiológicos do *Asana* no corpo e nos pulmões.
- O efeito do *Asana* na drenagem dos pulmões foi discutido e as acções conjuntas envolvidas foram mencionadas.

Conclusão

O estudo foi resumido de acordo com os objectivos e finalidades da dissertação nele mencionados. Nesta dissertação foi feito um esforço para definir o *Asana de* modo a aumentar a drenagem bronco-pulmonar num indivíduo saudável.

Resumo

Recapitula ou revê todo o trabalho efectuado na dissertação.

7 Bibliografia

LIVROS

1. A. G. Mohan. Yoga Yajnavalkya (brihad) Bruhat. Ely JJ, editor. Madras, Ganesh and co.2001.

2. Brad Walker, Anatomia do alongamento. Second Edi. Chichester, Inglaterra: Lotus Publishing; 2011.

3. Brahmachari D. Ciência do Yoga (Yogasana Vijnana). Primeira edição. Mumbai: Asia Publishing House; 1970.

4. Brunnstrom S. Clinical Kinesiology. Sexta edição. Philadelphia: F.A.Davis Company; 2012.

5. Coulter, David. Anatomia do Hatha Yoga. Grupo Cardinal Publishers. Edição Kindle.

6. Dev SV. Primeiros Passos para o Yoga Superior. Primeira edição. Yoga Niketan trust; 1970.

7. Digambarji, Swami, Gharote M. Gheranda Samhita. Publicação Sri Satguru; 1979.

8. Dr. C.Nagavani, M.P.T (Neuro)Professor Assistente, Susruta College Of Physiotherapy Dilshuknagar, Hyderabad.Livro de Texto de Biomecânica e Terapia de Exercício

9. Eliade M. Yoga Imortalidade e Liberdade. Second Edi. New Jersey: Princeton University Press; 1969.

10. Gudrun Buhneman. Eighty Four Asanas in Yoga- A survey of traditions. Segundo Edi D.K.Printworld; 2011.

11. Iyengar BKS. Light on Yoga. edição revista. Schocken Books New York; 1979.

12. John E. Hall, Editores de Adaptação Mario Waz, Anura Kurpad, Tony Raj, Guyton & Hall Textbook Of Medical Physiology, Second South Asia Edition

13. Joseph E Muscolino,Kinesiology,The Skeletal System And Muscle Function, 3rd edition,Elsevier inc(2017)

14. K. Pattabhi Jois. Yogamala. Primeiro ebo. New York: North point Press; 2011.

15. Keil, David. Anatomia Funcional do Yoga: Um Guia para Praticantes e Professores. Lotus Publishing. Edição Kindle.

16. Moore l.Keith, Dalley F Arthur,Agur.M.R.Anne, Anatomia orientada para a clínica, Edição do Sul da Ásia,Publicação Wolters Kluwer(Índia),ISBN-978-93-87963- 68-9,2018

17. Kisner, Carolyn; Colby, Lynn Allen Colby (2007). Therapeutic Exercise (Exercício Terapêutico). F A Davis Company. Quarta edição, Jaypee PublicationISBN 81-8061-136-1.

18. Krishnamacharya T. Yoga Makaranda Yoga Saram (A Essência do Yoga) Primeira Parte. Tamil Edit. Madurai C.M.V. Press; 1938.

19. Kuvalayananda S. Asanas. Oitava edição. Lonavla: Kaivalyadhama S.M.Y.M Samiti; 2012.

20. Kuvalayananda S, S.A. S. Goraksha Satakam. Lonavla: Kaivalyadhama S.M.Y.M Samiti; 2006.

21. Leslie Kaminoff. Anatomia do Yoga. Segunda edição. Kinetics H, editor. 2011.

22. Long, MD, FRCSC, Anatomia para equilíbrios e inversões de braços, Companheiro de tapete de *ioga*, Volume 4, Livro Bebé, Kindle Edition

23. Long MD FRCSC Anatomy For Backbends And Twists, *Yoga* Mat Companion, Volume 3, Bookbaby. Edição Kindle

24. Long MD FRCSC, Ray. Os Músculos Chave do Yoga: Chaves Científicas Volume 1. BookBaby. Edição Kindle

25. Long MD FRCSC, Ray. As Poses Chave do Yoga: Chaves Científicas, Volume 2. BookBaby. Edição Kindle

26. Mallinson J. O Gheranda Samhita. Kindle Edi. Nova Iorque: YogaVidya.com; 2004.

27. Mallinson, James. O Gheranda Samhita . YogaVidya.com. Edição Kindle.

28. Mittra Dharma (21 de março de 2003), *Asanas* 608 posturas. Biblioteca do Novo Mundo

29. Myers TW; Anatomy trains; Myofascial Meridians For Manual And Movement Therapists, ed 3, Itália 2014,Churcill Livingstone Elsevier

30. Saraswati SS. Asana Pranayama Mudra Bandha. Quarta Edi. Munger: Yoga Publication Trust; 2009.

31. Sri G Dayanidy e Smt Reena Dayanidy sob a orientação do *Yogacharya* Dr. Ananda Balayogi Bhavanani. Princípios e métodos da prática *do Yoga*, Material de estudo

32. Srinivasa Bhatta mahayogendra. Hatharatnavali. Primeira modalidade. Reddy MV, editor. Arthamuru: M.S.R. Memorial Yoga Series; 2011.

33. Swanson Ann, Science of *Yoga*, primeira edição americana, 2019

34. Swatmarama. Hatha Yoga Pradipika com Jyotsna Tika e Comentário em Hindi. Mihirachandra P, editor. Sri Venkateshwara Publishers; 1952.

35. Swatmarama. Hatha Yoga Pradipika. Terceira edição. Swami Muktibodhananda, editor. Escola de Yoga de Bihar. 1998. 1-89 p.

36. Vasishta. Vasistha Samhita (Yoga Kanda). Departamento de Investigação Literária Filosófica, editor. Lonavla: Kaivalyadhama S.M.Y.M Samiti; 2005.

37. Vasu SC. Gheranda Samhita. Publicações Sat Guru; 2005.

38. Vishnudevananda S. O Livro Completo Ilustrado do Yoga. Primeira edição. New York: Pocket books; 1972.

SÍTIOS WEB (FONTES LÍQUIDAS)

1. https://www.yogajournal.com/practice/everybody-upside-down

2. Posições de drenagem postural para CPT-min.webp

3. https://en.m.Wikipidia.org

4. https://www.yogapedia.com

5. https://www.chkd.org/uploadedFiles/Documents/Programs_and_Clinics/Postu ral%20Drainage%20and%20Percussion,%20Intro.pdf

6. https://bronchiectasis.com.au/physiotherapy/techniques/gravity-assisted- drenagem

I want morebooks!

Buy your books fast and straightforward online - at one of world's fastest growing online book stores! Environmentally sound due to Print-on-Demand technologies.

Buy your books online at
www.morebooks.shop

Compre os seus livros mais rápido e diretamente na internet, em uma das livrarias on-line com o maior crescimento no mundo! Produção que protege o meio ambiente através das tecnologias de impressão sob demanda.

Compre os seus livros on-line em
www.morebooks.shop

Printed by Books on Demand GmbH, Norderstedt / Germany